理工科作術

頂級工程師百戰百勝的萬用職場戰略

井下田久幸———— 著

楓葉社

本書的目的是帶著大家
學習如何「讓結果如最初預期」的方法。

不過，這個方法「絕不輕鬆」。
我在四年之間總共參加了 300 次的軟體比稿，而且百戰百勝。
要想持續獲得勝利是沒有捷徑的，我要向大家推薦的是「合理的努力」。
這個方法雖然不輕鬆，卻不會浪費時間與繞遠路。
並且，還能得到想要的結果。

我將在書中介紹具體實踐方法。

本書主要由兩大部分組成。

本書的前半段是第1章到第4章，主要的內容是我比稿連勝三百次的武器。
這項武器主要分成「勝利方程式（獲得簽約的行動與思維）」、「簡報術」以及「資料製作術」這三大項目。

第 1 章　比稿300次無敗績！理科人的勝利方程式

◎「合理的努力①」快速實現「顧客想要的未來」

◎「合理的努力②」立刻向顧客展示他的願望

◎「合理的努力⑤」藉由競爭者爭取時間

第 2 章　比稿300次無敗績！理科人的簡報術

◎理科人的簡報不會使用多餘的詞彙

◎理科人的簡報會從「精彩之處」開始鋪成

◎理科人的簡報會巧妙地透過「問題」與「影片」抓住聽眾的心

第 3 章　比稿300次無敗績！理科人的資料製作術「總論篇」

◎理科人製作資料時，會使用體系建構工具

◎理科人製作資料時，會將重點放在「篩選標準」上

◎理科人製作資料時，會方便顧客再次利用資料

第 4 章　比稿300次無敗績！理科人的資料製作術「各論篇」

◎理科人會在分析資料的時候，見樹又見林

◎理科人製作商品或服務的資料時，會重視「社會公益性」

本書的後半段為第5章至第7章。主要的內容是我在四間IT企業服務，成為管理多名部下的工程師之際的「說話方式、傾聽方式」「時間管理術」與「戰略思考術」。

第 5 章　比稿300次無敗績！理科人的說話與傾聽方式

◎ 理科人在電子郵件上會比實際面對面交談更侃侃而談

◎ 理科人可在不使用任何否定字眼的前提下，巧妙地拒絕別人

◎ 理科人會將討厭的人因數分解，讓對方變成「無機物」

◎ 理科人會在談生意陷入僵局的時候，提出其他的選項

◎ 理科人能透過問卷引出真心話

第 6 章　比稿300次無敗績！理科人的時間管理術

◎ 理科人不會多花時間設定目標

◎ 理科人熟知讓學習時間縮短一半的技巧

◎ 理科人能啟動「不流於情緒的開關」

◎ 理科人懂得調整「工作順序」，讓工作效率極大化

第 7 章　比稿300次無敗績！理科人的戰略思考術

◎ 理科人可預測潛在失誤，訂立精準的計畫

◎ 理科人會準備多項替代方案，做好萬全準備

◎ 理科人懂得建立長勝軍的團隊

不是前言的前言

～我連勝 300 次比稿的祕密

首先要感謝各位購買本書。

應該有不少人對於書名的「理科」抱有期待，覺得可從這本書得到一些新的啟發吧？

我曾在「日本IBM」以及其他三間IT企業服務，最後在「JBCC」當上執行董事與技術部門的最高負責人，成就了輝煌的工程師生涯。

在第二間新創公司服務的時候，我有過不知明天會如何，每天過得戰戰兢兢的日子。這段時間，我在四年內就參加了超過300次以上的比稿，而且不曾有過任何敗績。（中略）

我之所以能在任何一種規模的企業如魚得水，全是因為我找到了「勝利的方程式」。

這本書的目的，便是在於試著把我的經驗化為「文字」。

●讓我得以連勝 300 場比稿的「那天」

對我而言，這三十年來的上班族生活，沒有一天不是驚濤駭浪。其中最令我難忘的，是我從日本IBM轉職到只有16位員工的新創企業的一年半後的一場經營會議。

說是經營會議，一般與會人員也只有五人。社長、兼任技術長（CTO）的副總經理、掌管總務、人事、會計的財務長（CFO）以及負責技術支援與行銷的業務部長，也就是我。那天的經營會議，加上會計經理參加，與會人員總共有

六個。社長突然表示會計經理有大事要報告，接著會計經理說出了令在場所有人震驚的一句話。

「公司的業績停止成長。再這樣下去，今年六月公司就會破產」。

對當時才39歲的我來說，真的是「翻天覆地」的一天。這間公司在我進入公司之前的兩年才剛創立，而且資金調度非常順利，連資本額計算在內，總共有27億日圓的資金。

「該不會四年就把27億日圓花光了吧？」當時的我，真的是滿腦子充滿了「？？？」問號。

● **工程師帶頭指揮業務**

雖然我在日本IBM看似踏上了一帆風順之路，但是我總覺得將來會後悔走在相同的路上，同時也想在新創公司試試自己的實力，所以才毅然決然地轉職進入這家公司。

在日本IBM服務的時候，我以工程師的身分擔任演講會講師超過一千次以上，從中學會的簡報技巧也讓我得以與許多顧客簽約。當時的我想試試看，拿掉IBM這塊招牌之後，我是否還能如此游刃有餘。

進入新創公司，擔任行銷部長的我，在舉辦大型活動的車站周遭推出了懸掛式廣告，掀起話題。此外，我也包下位於惠比壽的東京威斯汀飯店地下一樓與二樓，在兩位部下的協助之下，成功舉辦了2600人蒞臨現場的活動。

不過，這些活動都未能創造實質的利潤。

回頭想想，這間新創公司在美國設立子公司，投資失敗損失了9億日圓的資

金。或許是因為那是在一個經濟飛升的時代，才能做的事。

在宣告破產的一年之前，團隊苦心研發的主力產品才剛剛發表，我之所以會舉辦2600人規模的活動，也是為了宣傳這項新產品，然而這項新產品卻是個極為失敗的項目。

明明半年之後手上的現金就會枯竭，手上的武器卻只是原型（試作品）的半成品軟體。

不過，人是一種被逼到絕境後，就會發揮潛力的生物。

當時的我給了自己一個新任務，那就是去支援業務部門。

我與在外面跑業務的幾位業務員組成團隊，由我負責帶頭指揮。總之，只要自家公司的軟體賣不出去，大家都沒辦法倖存，更何況只想要做支援技術了。

從那天開始，我每年跑300間公司談生意，整整跑了四年的業務。每年的工作天數大約200天左右，平均一天要跑1～2間公司。

當時的我幾乎就是個「業務員」，而不是工程師。但話說回來，跑業務的時候，不單單只是拜訪客戶，我必須試著提供一些技術上的建議，滿足顧客的需求，還得展示我們開發的軟體。簡單來說，就是技術人員跑到第一線「外賣」的意思。

我與業務員外出跑客戶的同時，也與開發團隊溝通，還自己開發展示用軟體，同時與美國的子公司斡旋，當然也沒忘記身為行銷部長的任務。只要一有空，就會與大型廣告公司交換情報。當時的我，每天過著這樣的生活。

就在那四年內，我締造了比稿300次無敗績的輝煌成果，也在被告知公司即將破產的那一年，讓業績轉虧為盈。當時的那些經驗創造出的自信，都是我的寶物。

當時的經歷讓我切身學習最大限度發揮自己能力，以及與其他部門交心合作，這些都成為日後的工程師生涯的養分。

『作者井下田久幸的』 **人生大富翁**
START!

學習困難 ▶ 母親請來家庭老師教我我擅長的數學

祖父是德國人，擁有四分之一的混血血統 → 父親的家暴 ▶ 灰暗的童年時期

家庭老師暗示我，日本IBM將會不斷成長

只應徵日本IBM一家公司 ◀ 大學進入理工科系 ◀ 在國中的時候，就學完高中三年級的數學 ◀ 在小學的時候，就學完國中三年級的數學

成為日本IBM的系統工程師 ◀ 調至總公司的SE部門，負責以顧客為對象的演講 ◀ 每年演講100次 ◀ 進入軟體部門，開始負責行銷活動

半年後，面臨倒閉危機 ◀ 舉辦規模高達2600人的私人活動 ◀ 進入員工只有16人的IT新創公司 ◀ 屢次舉辦活動成功

每年去三百間公司跑業務，贏得每次的比稿

to be continued.....

IT安全企業擔任CIO

為了讓兒子知道，就算從零開始，只要三年就能成為專家，辭職獨立

成為兩間公司的CEO與一間公司的COO

為盲女高中生舉辦了參加人數多達1000人的演唱會

被日本IBM收購

兒子的挫折

公司內部設立研究所，擔任第一任所長

於晨間資訊節目《爽快早晨》擔任評論員

跳槽至東證一部上市IT企業擔任執行董事與軟體開發部門負責人

●多次對顧客需求進行因數分解的我

過去我是不善言詞，喜歡解謎的典型理科宅。我在日本IBM工作的時候，也不曾跑過業務。

這樣的我為什麼能不斷地在與競爭對手的比稿中取得勝利呢？

簡單來說，就是「專心做那些做得到的事」。那麼我到底專心做了哪些事情呢？答案就是對「顧客需求（煩惱）進行因數分解（拆開來思考），再以樣本（讓未來具體成形）的方式，向顧客展示滿足顧客需求或解決煩惱的方案」。

喜歡解謎的我，非常喜歡製作樣本。

按常理來說，我們開發與銷售的軟體，通常會與顧客需求及標準規格商品有一定的落差。我不會要顧客完全買單我們產品，而是盡力弭平顧客與軟體之間的「鴻溝」。製作樣本，展現我填平這條「鴻溝」的方法，是我與眾不同之處，也是我連續贏得比稿的方法。

製作樣本的基本心法，也就是以「因數分解」的手法拆解顧客需求的內容，會於本書第1章進一步說明。

除此之外，我還有一個厲害的武器，就是在日本IBM培養的簡報能力。

我原本是一個怕生又不善言詞的人，卻因為突如其來的人事異動，被迫以技術人員（系統工程師）的身分，一年舉辦超過一百次的演講。當時的主要工作，是在聽眾多是經營者的演講會擔任講師，說明軟體的魅力。

我的演講方式將決定日後公司業務人員與當天參加者聯絡、簽約的成功率。

儘管不知道自己是否擔得起如此重責大任，但在左思右想之後，我決定盡可能為了前來聆聽演講的來賓盡一份心力。我不斷地研究，該怎麼化繁為簡，讓內容變得更簡單易懂之後，我的簡報也變得更具說服力。

這部分的簡報技巧會於第2章說明，關於製作於演講展示的資料，以及發給現場來賓的講義，會在第3章與第4章介紹。

●填滿顧客與產品之間的「鴻溝」而贏得比稿

話題暫時轉到數年之後。

我在這間新創公司連戰連勝，獲得許多經驗之後，又換了兩次工作，到了東證一部上市的IT企業（JBCC）擔任軟體開發的負責人。

說是軟體開發，也不是從頭到尾都由自家公司負責。有部分的產品是先採購其他公司的產品，然後自行加工與銷售（這過程稱為「OEM銷售」）。

令我驚訝的是，公司以OEM的方式採購的其他公司的產品，居然是我在之前的新創公司打敗的對手。換言之，昨日的敵人變成今天的朋友。

當我與過去深愛的新創公司的產品比稿時，我也讓過去敗在我手下的軟體打敗那個我曾深愛的新創公司的產品。

我曾經深愛過的新創公司的產品有一個明顯的缺陷。我當時在比稿的時候，打敗了無數的競爭商品的同時，也曾要求開發團隊彌補這個缺陷，只可惜當時的開發團隊沒有接受我的意見。

所以我這次便針對這個缺陷，讓過去的輸家反敗為勝。

我不是要說自己有多厲害，只是希望大家明白，贏得比稿的關鍵不在於產品有多麼優秀。

我總是將弭平顧客與產品之間的「鴻溝」擺在第一位。正因為我徹底了解、並將所有心思都放在拆解顧客的需求上，我才能夠填平這條「鴻溝」，連續贏得比稿。

●總結我的理科管理職經驗

請容我進一步描述我的上班族生活。

達成連續300次比稿無敗績這個紀錄之後，我被挖角至員工200名左右的中型IT企業「網路安全系統」（Internet Security Systems），擔任CIO一職，也被看好為下任社長。不過，這間公司在數年之後便被我的老東家日本IBM收購。

因此，我跳槽到員工人數2700人，於東證一部上市的IT企業（JBCC）擔任執行董事與軟體開發負責人。前面也提到，當時我除了一邊擔任執行董事，一邊站在第一線指揮，還與上上間公司比稿，將該公司打得體無完膚。

之後公司創立研究所，我則擔任第一任所長。這是我的工程師生涯之中的一個頂點。

綜觀過去，一開始我先進入日本IBM擔任系統工程師，接著擔任管理職，後來成為技術部門的負責人。在這段期間，我除了不斷追求個人的成長，也盡力指導部下以及管理團隊。

我將這些過程的經驗與技巧鉅細靡遺地整理成本書。

第5章將介紹理科人特有的說話方式與傾聽方式。既內向又不善言詞的我親身體會，不同的待人處事的方式，會將我們帶往截然不同的未來，所以我也會為大家介紹與別人相處的方法。

第6章則是以時間管理術為題，介紹如何讓時間成為我們的幫手。無法在職場成功的人，往往不懂得控制時間，或說是敗給時間。這章要介紹戰勝時間的方法。

最後第7章的主題，是理科人的戰略思考術。這章要介紹的是從程式設計中學到的謙虛態度、綜觀工作全貌的祕訣，以及理科人特有的反向思考和管理團隊的方法。

『作者井下田久幸的』人生大富翁 START!

學習困難 → 母親請來家庭老師教我我擅長的數學

祖父是德國人，擁有四分之一的混血血統

父親的家暴 → 灰暗的童年時期

家庭老師暗示我，日本IBM將會不斷成長

只應徵日本IBM一家公司 ← 大學進入理工科系 ← 在國中的時候，就學完高中三年級的數學 ← 在小學的時候，就學完國中三年級的數學

成為日本IBM的系統工程師 ← 調至總公司的SE部門，負責以顧客為對象的演講 ← 每年演講100次 ← 進入軟體部門，開始負責行銷活動

半年後，面臨倒閉危機 ← 舉辦規模高達2600人的私人活動 ← 進入員工只有16人的IT新創公司 ← 屢次舉辦活動成功

每年去三百間公司跑業務，贏得每次的比稿

進入員工200名的IT安全企業擔任CIO ← 為了讓兒子知道，就算從零開始，只要三年就能成為專家，辭職獨立 ← 成為兩間公司的CEO與一間公司的COO

為全盲女高中生舉辦了參加人數多達1000人的演唱會

被日本IBM收購 ← 兒子的挫折 ← 公司內部設立研究所，擔任第一任所長

於晨間資訊節目《爽快早晨》擔任評論員

跳槽至東證一部上市IT企業擔任執行董事與軟體開發部門負責人 ← 打敗老東家新創公司

GOAL!

●不只是為了獲勝，而是為了持續獲勝

我認為，在工作上不斷贏得勝利的方式，可適用於個人，也可適用於團隊，想必大家都知道，要想不斷地勝利，做法絕對不同於只想獲得一時的勝利。

本書的重點在於介紹不斷獲勝的方法。雖然這個方法「不太輕鬆」，有些人也會覺得是在「繞遠路」，但如果從大局來看，就會發現這絕對是能夠持續獲勝的方法，而且是非常合理，又能持之以恆執行的方法。雖然各位可從感興趣的章節開始閱讀，但如果想要通盤了解本書介紹的各種工作祕訣，建議大家依序閱讀。

但願本書能帶著各位「邁向康莊大道」。

2022年3月

井下田　久幸

《在閱讀本書之前》

◉本書從第2章之後，各項目的標題都會因為版面的緣故，統一為「理科人的～」，但真正的意思是「比稿300次無敗績的理科人的～」。

◉本書是根據2022年3月1日的資訊所撰寫。書中提及的軟體有可能在本書發行之後更新，功能或介面也有可能改變。還請各位見諒。

◉Microsoft、Windows、Word、Excel、PowerPoint、Microsoft Teams 都是美國 Microsoft Corporation 的美國或其他國家的註冊商標。此外，本書提及的商品名稱、服務名稱與公司名稱都是各公司的註冊商標或商標，內文會省略®或™這類商標的標記。

◉本書介紹的免費軟體有可能會因開發者的緣故而停止開發與提供。如果因為下載、使用這些軟體或存取該軟體的網站而造成任何損害，請自行負責，敝社與作者無法提供任何補償。

第**3**章 比稿 300 次無敗績！理科人的資料製作術「總論篇」

第**4**章 比稿 300 次無敗績！理科人的資料製作術「各論篇」

第5章 比稿300次無敗績！
理科人的說話與傾聽方式

第6章 比稿300次無敗績！
理科人的時間管理術

第**7**章　比稿300次無敗績！
理科人的戰略思考術

☆封面設計／井上新八

☆內文設計、編排與插圖／齋藤稔（jeelamu）

第 **1** 章

比稿300次無敗績！
理科人的
勝利方程式

想要連戰連勝，必須掌握9種「合理的努力」

》工程師比稿連勝300次真的只是偶然？

聽到比稿連勝300次這件事，大家有什麼感覺？

有些人可能會覺得，這應該是使了什麼隱藏絕招或是靠強買強賣，才有可能達成的目標。

老實說，比稿連勝300次不過是個偶然的結果。最開始我完全沒有挑戰「要連勝到底」的想法，我本身是工程師，不是業務員，也從來沒有對勝利的執著。

對我來說，公司快要倒閉這點讓我很擔心自己流落街頭，也很擔心自己的小孩該怎麼辦，而這股擔心成為驅動我往前衝的動力。我只是很認真地面對工作，滿足每一位顧客的每個要求而已。

話雖如此，能夠締造比稿連勝300次這個紀錄，的確與我的理科思維以及自創的方法有關。本章將赤裸裸地介紹這些藏在後台的祕辛。

》耍小聰明達成目標也沒用

在本書的讀者之中，應該有一部分是被「比稿300次無敗績」這個文案吸引的業務們。

我也明白業績壓力有多麼沉重，尤其大企業除了要求業務員具有韌性與毅力之外，還要求業務員分析原因，預測未來以及達成計畫。我見過不少人在定期舉行的「業績預估會議」被批得體無完膚，甚至是弄壞身體。

我也曾經親身體會「是否100％達成目標」會讓命運大不相同這件事。跑業務的時候，就算不擇手段也要100％達成目標。

然而從長遠的角度來看，「不擇手段」的做法不一定能讓顧客或自家公司都得到圓滿的結局（請參考下圖表）。不過，只要能達成目標，下個年度就會換人負責，不再是自己的業務的話，不擇手段也無所謂。

比方說，有很多人會利用「強迫推銷」這種手法，強要經銷商在期末的時候吃貨。

也有很多人會跟顧客說「你在這季買的話，我給你折扣價」，讓顧客買下下一季才要買的商品。我也很常在績效審查會看到上司對數字未達標的業務員說：「難道沒有什麼讓顧客提前下訂單的方法嗎？」

有些人甚至會使用「斷尾求生」的手法。比方說，向付月費的顧客提出一次付清所有費用的提案，也就是跟顧客說，只要一口氣付完兩年份的使用費，之

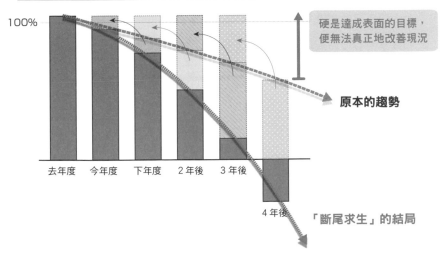

■不擇手段達成業績不能算是真的「獲勝」

後就能一直免費使用的絕佳方案。對於想要達成當年度業績目標的業務員而言，只要顧客願意一口氣付清兩年份的使用費，就能輕鬆達成業績目標。

一旦達成目標，明年就會升職，或是負責其他的顧客，根本不需要管之後接手的業務員會多麼難做。就長遠的角度來看，這種做法最終會對公司造成不小的麻煩。

有些人甚至會連跟自家公司產品毫無關係的冰箱都賣，為的只是想要增加業績而已。在整體的系統方案之中，偷渡一項商品。

按常理來說，這種與轉賣相同的行徑理應不在評估對象之內，然而有些業務員會硬是跟顧客說：「只要購買配套方案，就能省去不少麻煩，不用針對每個部分下訂單。」

》「連戰連勝」並不存在捷徑

這種手段在短期內是有效的，卻不是能夠連戰連勝的方法，因為不可能永遠都這麼做。

要想長期獲勝，是沒有「捷徑」可言的。請大家放下「不勞而勝」的心態。重點在於讓自己往正確的方向努力，也就是「合理的努力」。

雖然我是百分之百血統純正的工程師，卻也因為公司在倒閉之前，有不少機會與業務員一起拜訪顧客，也因此見過幾百次，甚至是一千次以上，猶如地獄一般的場面。

按常理來說，銷售是業務員一手包辦的事情，所以當業務員跑來找我這種技術人員商量，通常都已是遇到瓶頸的時候。我猜，能遇過這麼多危機的工程師應該不太多，現在回想起來，這個經驗真的很幸運。

第1章會分成9節，為大家介紹我透過那次的經驗學到的「合理的努力」。

■比稿連勝300次的背後，藏著9種「合理的努力」

・什麼都不做 ──▶ 永遠不會獲勝

・耍小聰明 ──▶ 就算幸運成功，也只有一開始比較輕鬆而已

・埋頭苦幹 ──▶ 浪費力氣與時間

・合理的努力 ──▶ 能一再複製勝利

沒有輕鬆連勝的方法，
但的確有連戰連勝的方法。

［合理的努力①］
快速實現
「顧客想要的未來」

》身在強者（大企業）與弱者（中小企業）的勝利方程式不同

我在大企業與新創公司工作過後，發現雙方的戰鬥方式存在些許差異，前者是有需要守護的東西，後者則是沒有什麼可失去的。

前者，也就是大企業，隨著顧客越來越多，守護來自顧客的「信賴」就是最重要的營業活動，因為開發新顧客需要許多時間，然而如果能讓現有的顧客再次下訂，效率會更高。

擁有一定顧客數量的大企業，本身就會具有一定的可信度，也比較容易得到新顧客的青睞。在這種良性循環的情況之下，不做貿然的決策，而是做絕對把握的事，便是合理的營業戰略。

當經營越穩定，公司內部的體制就會跟著壯大，員工人數隨著增多，也就很難挑戰一些具有風險的事情，習慣打安全牌也可說是理所當然的結果。

那麼，身為弱者的中小企業或新創公司又該怎麼獲勝呢？

請大家想像一下大船與小船的差異。大船雖然很穩定，但要調整方向卻需要相當的時間，就算關掉引擎，也沒辦法立刻停下來。反觀小船就能順應潮流，快速切換方向。

換言之，弱者的利基在於能根據市場需求，迅速提供適當的產品或服務。

如今回想起來，當我在新創公司（弱者）擔任工程師時，之所以能連番戰勝大企業，關鍵在於我讓弱者才有的「方便性」與「靈活度」這些優點變得更具體可見。

■大船與小船的戰鬥方式不同

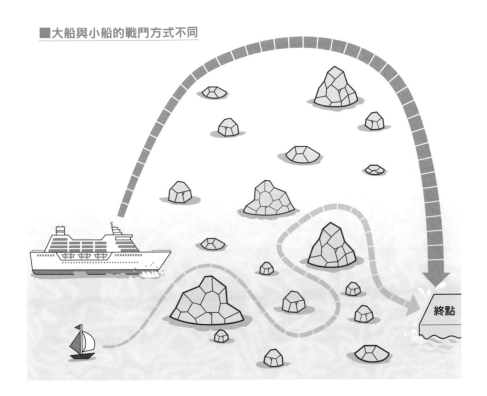

終點

》帶著原型拜訪顧客的策略奏效

當我從日本IBM這個巨大的組織跳槽到員工僅16人的新創公司時，當時公司手中只有試作品，也就是被稱為「原型」的這項武器。

如今回想起來，當時那家新創公司有成績不錯的「核心產品」，但這項核心產品的市場卻被大企業搶走，隨之市面上也出現了開源軟體這種免費軟體，這項核心產品也隨之失去了未來。

當時的我只能以原型這種半成品的武器作戰，而且還被告知半年後，公司就會因為現金不足而破產。

我已經不能再一味地主張自己是技術人員，為了阻止公司倒閉，而與業務員每天不斷地拜訪顧客。

然而，我的手上沒有具說服力的軟體產品，所以只能帶著原型拜訪客戶，老實說，真的非常痛苦。因為只要顧客要求我們提供原型沒有的功能，我們就可能會露出馬腳。

　　不過，拿著原型拜訪顧客這個手法真的奏效。

　　正因為原型是半成品，所以才能依照顧客的需求，為顧客量身打造功能。

　　如果是完成度相當高的軟體，便很難隨顧客的需求做改變。假設以「拼接」的方式吞下顧客的要求，產品的中心思想就容易瓦解，而且續接太多功能就有可能無法正常運作，軟體也很容易產生程式錯誤。

　　當軟體的規模越大，就越難在追加功能的同時，保有軟體原本的樣貌。

　　反觀，只是半成品的原型就能快速安裝顧客想要的功能，能夠化劣勢為優勢。以非常快的速度追加顧客想要的功能，讓我們在競爭中脫穎而出。

》由技術人員為性能做擔保，更具有說服力

　　除了能迅速開發軟體之外，我還有另一項武器。那就是新創公司的內部審核流程非常簡潔快速。以大企業的大型產品為例，通常光是跑完所有審核流程就得耗費一週左右，反觀新創公司可能只需要一天，有時甚至只需要一個小時就能得到許可。

　　其實只要站在顧客的立場想一想，就不難明白顧客想要的是什麼。就是因為有想解決的問題或想實現的事情，但無法自己從零開始做，才將希望寄託在現成的產品或工具上，而這也是採用軟體製品的好處。

　　大部分的顧客都是為了了解這些產品或工具有多少利用價值，而請各家製造商的業務員前來介紹軟體的功能，但高不成、低不就，很少能夠找到完全符合需求的產品與工具。

　　假設這時候跟在業務員身邊的技術人員說：「這個功能寫得出來。」或「了

解，我立刻撰寫相關的功能！」顧客當然龍心大悅，也因為技術人員的保證而
更具說服力。

》快速跑完改善需求的PDCA而獲得勝利

對開發部隊而言，顧客的心聲是求而不可得的重要情報，但是通常很難正確
且迅速地聽到顧客的需求。

雖然這不是什麼「傳話遊戲」，但居中傳話的人，也會摻入自己的考量。一
旦花了很多時間跑完審核流程，就很有可能來不及應對顧客的需求。

當像我這種「游擊部隊」介入顧客與業務員之間，直接與後勤的開發部隊協
調，就能及時開發與改善產品。快速實現「顧客想要的未來」也成為第一種
「合理的努力」。

■最甜美的一句話就是來自技術人員的「了解，我立刻撰寫相關的功能」

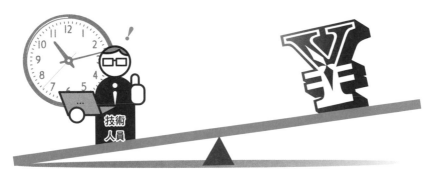

POINT

以弱者的立場戰鬥時，
就要迅速滿足顧客，從而找到致勝的機會。

[合理的努力②]

立刻向顧客
展示他的願望

≫顧客不會知道「樣品與成品」的差異

我有過多次「事後調整」的經驗。在拜訪顧客時，拿出原型展示，常會聽到顧客問：「如果要這種功能的話，能寫得出來嗎？」

身為技術人員的我，能夠大致判斷顧客的要求是否太離譜，或是只要有足夠的時間就能完成，我通常會當場回答：「如果這種方式可行的話，應該能完成您的要求。大概一週就能寫好相關的功能。」

不過，有時還是會遇到來不及開發，卻不得不展示產品的緊急情況。

用於展示的試作品不需要如同成品一樣考慮程式錯誤，所以能以十分之一的時間之內做好。

而實際展示的人也是我，所以可輕鬆地展示現階段的試作品。

在顧客挑選產品的階段，我假裝寫好了顧客要求的功能，也因此贏得了所有的比稿。

當然不能做虛假的承諾，所以我會保證讓商品直到出貨之前寫好所有的功能。也只有新創公司才能如此靈活與確實地做到這點。

透過展示產品的方式呈現顧客的要求，還有一個重點。我在新創公司的那幾年，就是因為實踐了這點，才締造出了不敗紀錄。

製作展示所需的試作品時，可向顧客借來實際的資料，利用這些資料運行試作品，呈現給顧客。這種符合實際使用情況的試作品，往往最具說服力。

　　這麼做其實很費工，所以大部分的競爭對手都不願意做。大部分的軟體開發公司都只展示自家產品的功能。其實「大部分的競爭對手都不願意做」已經是比較客氣的說法，就我的經驗來看，不是「大部分」而是「幾乎」沒有競爭對手願意這麼做。

　　顧客手上的資料以及展示所需的樣本資料雖然看起來相似，但其實有很多不一樣的地方。利用顧客實際的資料製作試作品，需要耗費不少力氣，所以不需要跑業務的技術人員肯定不想這麼做。

　　但這個部分正是關鍵。所謂的「合理的努力」就是不逃避那些誰都不想做的事，並在合理的範圍之內「努力」，而勝算就藏在這些努力之中。

　　為什麼我能突破困難，利用「顧客的資料」製作試作品呢？這部分將會在後面補述。

≫沒有比「展示試作品」更具說服力的簡報

　　製作試作品與製作完成品不同，不需要太高深的技術也能完成，我會手把手地指導業務員，讓他們也有製作試作品的能力。當我的分身增加了，營業效率也跟著提升。

　　話說回來，第二個合理的努力的重點就是在身邊安排一位不怕拜訪顧客的技術人員。

　　能重現實際使用情況的試作品非常具有說服力，這點不管是在IT業界還是其他業界都適用。懂得臨機應變的技術人員非常可貴，務必要於身邊安排一位這樣的技術人員。

　　我建議各位業務員有機會就請技術人員一同出席。雖然技術人員看起來都宅宅的，但有些人其實喜歡外出。

　　依照我的經驗來看，當業務員拜託開發人員製作顧客想要的功能時，通常會

得到「No」這個答案。但如果是將開發人員帶去顧客那邊，讓顧客直接拜託開發人員幫忙的話，開發人員通常會爽快地回答「Yes」。

■技術人員才更應該直接面對顧客

[合理的努力③]

以因數分解的方式，
化繁為簡地解決顧客的煩惱

》因數分解正是最強的解決問題技巧

因數分解應該是在國三的數學課學到的吧？應該有不少人覺得因數分解很難，甚至覺得「出了社會之後，根本用不到什麼因數分解」。

我雖然喜歡數學，也很喜歡解題，但當時的我根本不知道，因數分解這個學問會在出社會之後這麼有用。

在此利用具代表性的例題，幫助大家複習因數分解。

$$3x^2 + 15x + 12 = 3\,(x^2 + 5x + 4) = 3\,(x+1)\,(x+4)$$

上述公式的左邊看起來很難，但可以利用共通的要素，整理並分解成右邊這種看起來很簡單的乘法，而這個過程就稱為「因數分解」。

在進行因數分解的時候，大家一定會發現，那些看起來很複雜的事情，能夠利用乘法化繁為簡對吧？

其實，這個思維不僅可以應用在數學上，還是用來解決日常生活大小問題的絕佳法寶。

刑事推理連續劇之中，事件就是透過因數分解的手法來解決。就算是乍看之下錯綜複雜的事件，只要將事件拆解成犯人的動機、情況證據、不在場證明以及其他的細項，就能看清事件的全貌。而且，這種劇情不管看幾次，都會覺得很精彩，對吧？

31

不管是人際關係還是職場的問題，通常都會因為每個人的動機或不同的原因而越變越複雜，最終成為一個難解的大問題，而在解決這種大問題的時候，將問題拆解成細項是非常重要的流程。

》與其強迫推銷自家產品，不如先傾聽顧客的煩惱

　　向顧客推銷軟體時，也可依循相同的流程。能否針對顧客的煩惱進行「因數分解」，通常是比稿的勝敗關鍵。

　　許多業務員只懂得說明自家產品有哪些功能。有些業務員也會擺出傾聽顧客煩惱的態度，但最終還是只在說明自家產品的功能而已。

　　其實最重要的在於替顧客拆解煩惱。顧客的煩惱往往牽扯很多層面，很難得知「為什麼會發生這個問題」，也不知道該「怎麼解決問題」。

　　這時候我們得暫時放下跑業務的念頭，成為顧客的諮詢師。如果能一步步將大煩惱拆解成小煩腦，自然而然就會找到解決的方法。

　　每當我說起在軟體產品比稿連戰連勝的過往，都會提到我透過「因數分解」的方式成功貼近顧客的需求，也因此得到訂單。

　　我所銷售的軟體屬於轉換顧客資料格式或是移植資料的類型，例如從資料庫篩選特定內容，再轉換成Excel檔案，或是從電子郵件找出必要事項，再轉存於資料庫保管的這類軟體。

　　這世上擁有類似功能的軟體可說是不勝枚舉，換言之，有很多競爭對手。

　　但不知是幸還是不幸，每位顧客的資料都沒有一貫的格式。比方說，有些顧客的資料看起來像是CSV的格式，但明明是相同的代碼，卻包含了換行字元；有些資料看起來是固定長度的格式，但到了後半段卻突然變成可變長度，甚至有許多顧客為了自己的方便，使用了自創的格式，

　　我做的事情很單純，就是分析這些複雜的格式，再重新定義為簡單的格式。

這就是所謂的「因數分解」

只要能拆解成單純的格式，之後就只需要使用現有的工具轉換格式。其實我在展示產品的時候，只是利用試作品轉換顧客既有的資料，證明自家產品能正確無誤地轉換或移植資料而已。

多虧其他競爭公司的技術人員不知道該這麼做，我才得以締造比稿連勝300次的紀錄。

■拆解顧客的煩惱便得以連戰連勝！

只要將煩惱分解為單純的要因，
就能讓顧客撥雲見日，積極採用自家公司的產品。

在因數分解的過程之中，悄悄放入自家公司的產品

》為了解決顧客的課題而進行腦力激盪

因數分解這個手法需要練習才能完全掌握。雖然沒辦法立刻學會，但只要一掌握箇中祕訣，就能在不同的領域應用，也能大幅改善人際關係。

接下來要為大家介紹我在締造比稿300次無敗績的紀錄之際，應用因數分解的方式。

應用方式就是先請顧客撥出一天或兩天的時間，一起進行腦力激盪會議。此時的重點在於，我們要盡可能引導會議。

邀請顧客企業中的重要角色參加這場會議，最理想的情況是相關部門各派一人與會。挑選不會被電話干擾，能夠專心開會的地方進行。

與會人員到齊之後，請顧客把想得到的課題列在預先準備的便條紙上。也可以利用心智圖這類創意發想軟體代替便條紙。

列出課題之後，將相似的課題分成同一組。此時的重點在於我們不能在旁邊出意見，誘導顧客分類課題，總之只要引導會議進行即可。

》若無其事地介紹自家產品

在顧客替所有課題分組之後，就可以準備進入找出解決方案的階段，我們也才能在這個時候，不著痕跡地向顧客暗示，我們想推銷的軟體能夠提供哪些解決方案（過程與目標）。

這部分有一個必須記住的重點，那就是不要緊迫盯人，但要讓顧客知道，這

個解決方案可行。

　　這個在腦力激盪會議找出的解決方案是顧客自己想到的，也是我們的提案。換言之，此時的重點在於將自家公司的解決方案放進因數分解的過程之中。

　　經過1～2天開誠布公的討論之後，便能拉近與顧客之間的距離，與顧客建立互信的關係，得到一舉兩得的效果。舉辦腦力激盪會議雖然麻煩，卻是能提升勝率，戰勝競爭對手的妙招，相當實用。

■在因數分解的過程中，偷渡自家的產品

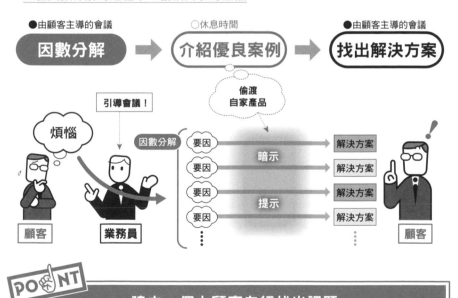

POINT

建立一個由顧客自行找出課題
與解決方案的場所，
引導顧客選擇自家公司的產品。

[合理的努力⑤]
藉由競爭者
爭取時間

》在決定購買之前的四個「不」

業務員從第一次接觸顧客到顧客決定購買之前，總共得排除四個「不」，分別是「不信任」「不需要」「不適合」「不緊急」。如果能依序排除這四個「不」，就能有效率地貼近顧客的需求。

在排除「不信任」這個階段裡，必須贏得顧客的信賴。在說明產品之前，必須先讓顧客知道，你是個說話實在、值得信賴的人。

在排除「不信任」之後，接著是排除「不需要」，也就是讓顧客相信，你要推銷的是他需要的產品。

此時不能只是介紹商品，還必須說明其性能與價格。這有可能是最花時間的步驟。

比方說，有些人會在百貨公司聽取完整的家電說明，然後跑到平價量販店購買。一如有些人會在買手機的時候，去各家電信業者聽取店員的說明，在比較各款手機的性能與價格之後，跑去其他門市購買。

為了避免顧客在了解商品的必需性之後，反而轉頭購買其他公司的產品，必須讓顧客了解自家產品是最適合的商品，而這個過程的主旨在於排除「不適合」的因素。

最後則是強化顧客購買意願，排除「不緊急」這個因素的階段。好不容易讓顧客有心購買，當然要盡力消除「現在沒有購買那樣產品也沒問題」「再等一下，說不定會更便宜」「再等一下，說不定會遇到更好的產品」這些顧客的猶

豫。這個過程非常重要，要讓顧客知道「現在買，最划算喲！」促使顧客當下做出決定。

根據銷售的商品不同，各階段所耗費的心力與時間也不同，但只要能依序完成這四個階段，業務員應該就能有效率地拿下訂單。

》讓競爭對手說明採用的好處，藉此爭取時間

從28頁開始，本書提到向顧客借用實際的資料製作樣本，能大幅提升顧客購買意願的內容。

若是套用在這四個階段之中，透過樣本說服客戶的過程等於排除「不適合」這個階段。製作樣本往往需要很多時間，是一大瓶頸。

所以我會採取一個相當大膽的策略，利用競爭對手向顧客說明產品的時間，努力製作樣本。

■利用競爭對手說明採用其產品優點的時間製作樣本

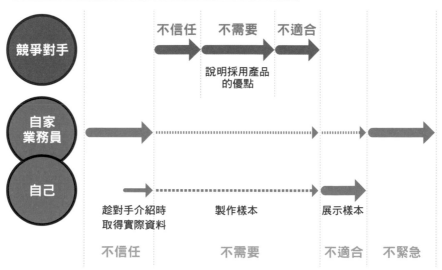

簡而言之，就是讓競爭對手幫忙排除「不需要」的因素。因為讓顧客理解相同類型軟體對其必要性的工作，並不一定非得由自己的公司做。

　　若是要使用這招，我就會在排除「不信任」的階段與業務員一起去拜訪顧客。身為技術人員的我，如果在初期階段就跟著拜訪顧客，就能向顧客借到顧客不知道該怎麼處理的資料。

　　跟著業務員去拜訪顧客還有另一個附加價值，那就是可排除「不信任」的因素，也就是取得顧客的信賴。

　　我通常會在這個最初的階段利用技術人員的立場，假裝自己不是來推銷，而且還會介紹競爭對手的公司。

　　這是業務員不太可能會做的事情。不過，介紹競爭對手的公司，反而能取得顧客的信賴，有時我甚至會進一步告訴顧客「您不妨先聽聽其他公司怎麼說，但之後我一定會拿出比其他公司更厲害的樣本」，藉此似有若無地攻擊對手。

　　這麼做還有另一個優點，那就是在進入排除「不適合」的階段之後，一定會有機會展示樣本。

　　如果我不讓顧客知道還有其他公司，放任顧客自行調查其他公司的資料，以及接受其他公司的說明，會得到什麼結果？有可能其他公司會就此排除「不需要」與「不適合」的因素，剝奪我們說明產品的機會。

　　所以我才會故意介紹競爭對手，讓我們有機會排除「不適合」的因素。

　　這是對樣本有信心才能執行的戰略。對於時間有限的我來說，這是能同時面對多項比稿的方法。

POINT

> **在競爭對手幫忙排除「不需要」的因素時，**
> **我們可準備排除「不適合」的因素以迎接勝利。**

[合理的努力⑥]
尋找不戰而勝
的方法

≫如果無人島只長了一棵結了果實的蘋果樹

只要有「贏家」，就一定會有「輸家」。若從整體來看，這絕非皆大歡喜的結果。這就是餅的大小固定，但大家都想要多拿一塊的感覺。

為了方便講解，讓我們試著想像一下，漂流到無人島的幾十個人在島上展開生存之戰的例子。

假設這個無人島只長了一棵蘋果樹，樹上的蘋果是唯一的糧食來源。漂流到這裡的人們為了活下去，會盡可能地摘下更多蘋果。當大家都覺得蘋果是無限的，就能相安無事，想吃的時候再去摘蘋果就好，可是一旦有人發現「蘋果的數量是有限的」，漂流到無人島的人就會開始產生衝突。

假設這時候出現一個和平主義者，有可能會建議所有人一起分享蘋果，但這麼一來，有些人就可能會偷懶，所以這也是一種不公平。更糟的是，一旦蘋果樹不再結出果實，島上的人就會因為沒有食物而陷入飢荒。

這就像是討論資本主義與社會主義孰優孰劣的問題。

≫把餅做大就能避免爭奪

在這裡有兩個改變觀點的方法。

第一個是，大家合作，取得更多蘋果。

比方說，用疊羅漢的方式取得原本搆不到的蘋果。

競爭會讓人陷於疲弊。如果能力不錯的話，或許可以暫時贏過別人，但不可

能永遠都獲勝，總有一天會自嚐苦果。

在選擇競爭之前，若是能先創造新價值，或是做大市場，增加資源的總量，就不需要競爭。

》以長期的觀點增加收穫量

另一個改變觀點的方法就是拉長「時間軸」。或許現階段已瀕臨極限，但如果將眼光放遠，有可能就能放大價值。

若以剛剛的蘋果樹比喻，那就是不要一直與對手競爭，直到蘋果樹不再產出蘋果，而是控制每年的收穫量，同時好好照顧蘋果樹，讓蘋果樹能在明年產出更多蘋果。

總而言之，即使是乍看之下沒有辦法解決的問題，一旦拉長時間軸，通常就能找到解決之道。

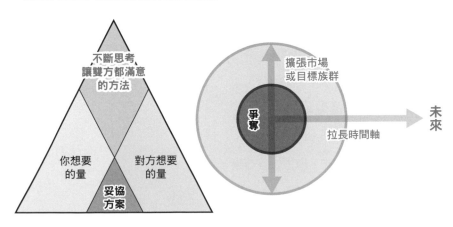

■改變觀點「把餅做大」，避免爭端

≫提出解決方案，擺脫消耗戰

讓我們將剛剛的例子換成現實世界的商場。

不管有意無意，只要進入商業的世界就會爭奪資源，而且這種情況非常常見。說得好聽一點，這是資本主義正常運作，競爭對手互相切磋，提供優質價值的情況。

不過，每場戰役都是一場又一場的消耗戰。可以的話，與其不斷地與對手作戰，不如用心創造新的價值，再將新價值公諸於世，才是比較有建設性的做法，也不會傷害他人。

若將場景換成軟體的比稿現場，不要陷入顧客的「比價」戰爭，而是自行向顧客提出「解決方案」，才是更有建設性的方式。

一旦只想著幫顧客解決顧客已知道的問題，就很有可能會只想提供軟體的功能。但我的建議是，將注意力放在顧客還沒發現的潛在問題，並讓這些問題化為白紙黑字，然後提出「解決方案」。

如果能在解決方案之中，偷偷植入自家公司的產品，就不需要與別人競爭。就算解決方案不被顧客接受，被迫與其他對手競爭，只要能找出顧客的問題，以及問題的「核心」，就能提出透過產品解決問題的方法，以及直接解決痛處的方法。越是能夠做出差異，就越不會落敗。

≫試著應用改變觀點的兩個方法

一如前述，我以轉換或移植顧客資料格式的工具為武器，連續拿下軟體比稿的勝利，這些勝利全是因為我進行了「合理的努力」，而所謂的「合理的努力」也包含改變觀點的「兩個方法」。

第一個方法就是放大自己的格局，想辦法提供更多價值，不要只想著以產品的性能獲勝。一直以來，我都是聽出顧客沒有說出口的需求，再提出帶有附加

價值的方案，幫助顧客解決問題。

就算顧客很熟悉自家公司的業務，對IT技術多半並不了解，很有可能先入為主對自己一時的想法或現狀產生「這一定做不到，還是算了」的想法。如果我們能發現這點，再跟顧客說：「這種功能很方便，而且能做得出來！」自然能與競爭對手形成區隔，也就能拿下訂單。

改變觀點的第二個方法則是除了關注現在，還得將注意力放在未來，因為描繪解決問題之後的未來與接二連三產生的夢想，就能與顧客一起嚮往未來。

就算是現在沒辦法解決的問題，我也會跟顧客說「這在未來一定能夠解決，所以讓我們先預做準備吧」，顧客往往會青睞這樣的提案，我也多次因此而拿下比稿的勝利。

將時間軸放入提案之中，能大幅提升比稿的勝率。還請大家務必學會這招。

■不在相同的戰場作戰，締造連戰連勝的記錄

除了針對顧客提出的問題提出解決方案，
還要針對顧客沒注意到的隱性需求提出方案，
就能不戰而勝。

[合理的努力⑦]
將負責人的「好處」放入提案中

≫拿下顧客企業的業務負責人吧！

一般來說，若是企業對企業的商務模式，顧客通常會針對一堆相似的產品製作比較表，再從中挑選適合的產品。用於比較的標準也有很多，例如「金額」「性能」「必需的主要功能」「售後服務」都是其中一種。

顧客端的業務負責人（守門員）在製作這類比較表之後，會寫下該選擇哪家產品的結論，然後再向高層報告，所以推銷產品的一方通常會用盡心思，讓顧客端的業務負責人傾向自己的產品。

假設自家的產品在性能與功能的部分優於對手，價格又很合適，業務員也很用心跟進的話，照理說，應該能贏得比稿，但事情其實沒這麼單純。因為顧客端的業務負責人隨時都可以調整比較標準，所以理論上應該只有一個結果的比較表，其實藏有操作空間。

≫同時展現對企業與對個人雙方的好處

向顧客提出有效方案確實是賣方的工作，但要贏得比稿，就不能只展現對顧客企業的好處，還要向顧客端的業務負責人或是擁有下單決定權的人展現他們能得到的好處。

比方說，在推銷產品的時候，理所當然的會告訴對方「採用敝公司的產品能大幅減少浪費與降低成本！」「如此一來，業績就會大幅成長！」這類好處。

然而除了上述之外，進一步說明業務負責人能得到哪些好處，例如「這個專

案要是成功的話，您必定會升官！」或是「採用這項產品能讓工作變得超有效率，部下也會對您投以尊敬的視線」，將帶來事半功倍的效果。

這並不是說賄賂對方，或是私下招待對方。只需要展示產品，讓對方體驗工作將變得多麼輕鬆與有效率即可。

這麼做比招待、私相授受更有效果。

當顧客端的業務負責人了解相關的優點，想要購買產品，自然而然就會在比較表上寫下對我們產品的正面評價。

雖然生意免不了計較得失，但我總是盡力滿足顧客企業的業務負責人與其組織，所以才能連戰連勝。

■拿下負責人，就有九成的機率可以贏得比稿

在推銷的時候，
必須同時滿足企業與個人的慾望

POINT

同時展示對企業與業務負責人的好處，
負責人自然而然就會在比較表上
寫下對我們產品的正面評價。

［合理的努力⑧］

先發制人！
讓顧客依賴我們

≫向「免費增值」商業模式學習

商業模式，也可以說是賺錢的方式有很多種，但近年來，「免費增值」這種商業模式逐漸普及。

免費增值就是讓九成的顧客免費使用產品，創造產品的市場，由其中一成的顧客支付高額使用費用，藉此平衡收支的商業模式。

在網路遊戲的業界裡，這種商業模式已成為主流，遊戲玩家基本上可以免費玩遊戲，所以會快速聚集玩家，如此一來，就會形成口碑效應，市場規模也會跟著擴大。

打敗怪物之後變強是經典的遊戲模式之一，而要成為勇者就要打敗很多隻怪物。因為這麼做很花時間，於是花錢買武器，快速提升自己能力的需求也隨之增加。

雖然這些武器都需要付費購買，但會想買這些武器的遊戲玩家通常沉迷於遊戲，願意花大錢購買武器。這就是從一成的忠實玩家身上賺錢，確保收支平衡的商業模式。

這種「免費增值」的商業模式已滲透每個角落。比方說，免費提供 5 GB 雲端空間，讓使用者儲存資料的服務就是其中一種。這種服務能自動同步資料，對於擁有很多台電腦或智慧型手機的人來說，可說是非常有魅力的服務。

不過，一旦覺得這項服務很方便，就會越來越依賴這項服務，5 GB 的空間也就變得不敷使用，所以對這項服務難以自拔的使用者便會付錢購買雲端空

間。這也是透過一成的使用者維持收支平衡的例子。

大部分的人只要嘗到甜頭，或是開始依賴某種工具，就很難從這種「螞蟻地獄」逃脫。就算知道從整體來看會產生一些損失，但只要嘗到眼前的「輕鬆」或「甜頭」，就很難再回到以前那種充滿痛苦或麻煩的作業模式。

》「試用版」必須是能正常使用的水準

在製作數位工具的世界裡，也有不少廠商提供「試用版」。這些廠商打的如意算盤是先讓顧客免費使用，體驗產品的優點，最後再購買產品。我在新創公司服務時，也與業務員拜訪了一千家以上的公司，其中有九成以上的顧客都會要求「試用版」。由於是要價不菲的工具，這種要求也是理所當然的事。

不過，大部分的顧客在拿到「試用版」的安裝CD之後就放心了，然後甚至不安裝。有些廠商會手把手帶著顧客安裝，但許多顧客也僅止於安裝，不會真的試用。

因此我都會在這時候進行「合理的努力」，也就是將展示用的程式做到顧客能直接輸入資料使用的程度，實際請顧客見證使用這套程式有多麼方便。

一旦顧客喜歡或是依賴這套程式，我就達成目的了，因為就算有競爭對手，顧客也一定會購買我的產品。

》成為業務負責人的工具人，讓對方依賴你

除了免費提供數位工具之外，還有一些「合理的努力」可以做，那就是成為顧客端的業務負責人的工具人。

顧客端的負責人通常很忙，忙得想要有人助他一臂之力，所以這時候我們可以幫忙對方製作跟上司報告的比較資料，也能幫助製作計算費用的資料，甚至還能幫忙撰寫沒有直接關係的會議紀錄。

當我們心甘情願地成為顧客的工具人，顧客自然而然會依賴我們，有時候便會因此選擇有利於我們的「選擇標準」。

當我們誠心誠意地幫助顧客，之後就會得到甜美的回禮。這也是我連戰連勝的祕訣之一。

■讓顧客依賴我們，創造連戰連勝的記錄與拿下長期契約

讓我來幫你！

市場調查

規格表

比較表

會議紀錄

報表

這是使用貴公司實際資料製作的示範程式。

已安裝了試用版的數位工具

POINT

人類只要一嘗到「甜點」就再也回不去。
成為顧客的工具人，
勝率就會提升。

[合理的努力⑨]
利用理科人才有的
「人情」與「心意」獲勝

》當下接受「無理的要求」逆轉戰局與拿下訂單

當我回想我的不敗神話，就發現能夠百戰百勝，全因我擁有超乎常理的「無形之力」。

如果是能輕鬆獲勝的案件，通常不會輪到我出馬，業務員自己就能解決，但如果要我出馬，通常都是陷入苦戰的案件。

比方說，偶爾會遇到競爭對手已經先與顧客打好關係的情況。

記得某次去大型商社推銷軟體時，就遇到這種情況。顧客已經決定使用該外資競爭對手公司的產品，也有不少人報名該公司提供的「教育訓練課程」。

不過，當時的我覺得，顧客端的負責人的心理似乎還有一絲的不安，儘管一切幾乎要塵埃落定，也參加了競爭對手公司提供的訓練課程，卻還是搜尋到由我擔任主講的講座。

比起自吹自擂，說明自家公司產品有多麼好用，我總是將重點放在事物的本質，而這部分的「簡報技術」也將於下一章為大家進一步說明。

或許是由我主持的講座打動了那位負責人的心。講座結束之後，他來到我面前，將自家公司需要的一切全告訴了我。

就某種意義而言，那是「無理的要求」。即使是最有機會拿下訂單的外資企業的產品，或是我正在推銷的產品，都沒有能滿足這個要求的功能。

不過，我當天便與負責開發的人商量，也擬定了開發該功能的時程表，接著在晚上十點告訴對方「敝司能做得到」。最終，這招似乎是奏效了。

因為競爭對手似乎不願正面回應顧客的要求，而我這邊卻是當天就回覆「Yes」這個肯定的答案。

或許是對方在看到我們如此變通與迅速回應之後，認為採用軟體之後的長期互動更加重要，所以該負責人當天便取消競爭對手公司的訓練課程，改與我的公司簽約。

我後來才知道日本的商社通常想與開發系統的本土廠商合作。這算是在乎「人情」與「心意」，更勝於產品優劣的案例。

》顧客的眼中不只是性能

我曾在某次與其他對手競爭大型建設公司的案子時被逼入絕境。該日系新創公司的產品不管是在功能還是性能的層面，都遠遠勝過我的公司的產品。

如果是以前的話，我都會製作展示的軟體，為顧客解決關鍵的問題，順勢拿下訂單。但這個案件卻不一樣，因為顧客的要求很單純，只是「將CSV檔案載入資料庫」而已，所以我連展示軟體的機會都沒有。

由於顧客的選擇標準只有「性能」，競爭對手也已經利用顧客的資料展示了自家產品的性能，所以我們若無法拿出處理速度更快的產品，絕對沒有任何勝算可言。

就在快要輸掉這個案子的某一天，我去拜訪客戶，也實際示範自家公司生產的工具，但不管我怎麼掙扎，自家公司生產的工具也沒有辦法比競爭對手的產品更快。心想絕不能就此放棄的我便透過電話與開發部隊一邊對話，一邊修正模組，然後重新安裝，以及重新測量處理速度。當我不斷重複這一連串的步驟，回過神來，居然已經試到半夜。

雖然顧客早就已經回家，但我卻與開發部隊一同奮鬥到凌晨三點，也總算從多個測試版本之中，找到一個贏過對手的版本。我不敢大聲說的是，其他的測

試版本都無法在性能方面贏過競爭對手，不過我還是硬撐到四點，製作了一份在性能贏過對手的報表，也交給顧客。

我覺得，那次真的是如有神助，因為顧客最終選擇了我們的產品。之後我們才知道，原來顧客看上了我們的「心意」，而不是產品的性能。

雖然從整體來看，我們產品的性能的確不如競爭對手，但其實差距不大，每個項目都只是稍微落後而已。我的「心意」讓顧客說出「我想跟如此認真的夥伴一起工作」這句話，也透過唯一優於對手產品的測試版本逆轉勝，拿下那次的訂單。

業務員努力推銷是再正常不過的事，但技術人員努力推銷卻是另外一回事。我發現，總是透過邏輯說服他人的人若是做出一些超乎常理的事，往往可以打動別人。「人情」與「心意」也是讓我連戰連勝的武器之一。

■技術人員的「毅力」有時是「意想不到」的武器

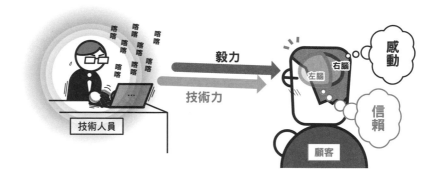

越是重視邏輯的人，
越能在展現超乎邏輯的熱情時，
打動顧客與拿下訂單。

第 **2** 章

比稿 300 次無敗績！
理科人的
簡報術

理科人的自我介紹
長度在「一分鐘」之內

》依照理解的步驟撰寫「簡單易懂的說明」

不管公司的產品或服務有多麼優質，無法傳達給對方，對方就不會接受我們的提案。不過，大部分的理科人都只想以內容一決勝負，因為理科人相信內容才是本質所在，有些理科人甚至認為「華而不實的說明很虛偽」。

我曾經也是這樣的人，即使到了現在，也會想要以內容一決勝負。這是因為一直以來，就是靠著這樣的堅持讓自己不斷地成長，另一方面，好勝心也越來越強。可是，就算製作了優質的內容，卻因為沒能仔細說明而蒙受損失的情況並不少見。

在這個資訊氾濫的時代裡，顧客會先收集各種產品的資訊，並在反覆咀嚼資訊的意義之後再選擇產品，整個過程是非常謹慎與耗時的，所以能讓這個流程變得更有效率的「說明」不僅簡單易懂，還具有相當的價值。

》簡報的第一個重點在於掌握「時間感」

即使是我長年從事的軟體開發、軟體銷售的領域，也免不了要向顧客提出「簡報」，而「簡報」正是讓不善言詞的人扳回一城的機會，因為簡報不是辯論，不需要立刻答辯，可以在一切準備就緒之後再上台報告。

第一步要請大家學會的是掌握「時間感」。假設遇到顧客說「請在 10 分鐘之內說明完畢」，大概就會知道該準備多少簡報內容對吧。

其實簡報的重點在於掌握整體的內容多寡，再依照時間長度濃縮內容，然後

一邊調整報告的節奏，一邊準備一個引人入勝的故事。

要想掌握時間的流速，就得先掌握內容的多寡。比方說，在前半段說完所有的重點之後，後半段就會變得無話可說，整個簡報也會變得枯燥乏味；反之，鋪陳太久，遲遲不進入重點的話，反而會變得時間不夠，這類簡報的失敗都非常常見。

所以接下來我要介紹一個絕招，幫助大家在最短的時間之內，學會掌握時間感以及內容多寡的方法。

》擠出時間的兩種訓練

不善言詞的人通常怕時間太過寬裕，因為他們會害怕無話可說。所以讓他們體驗「時間不足的情況」就能改善問題。

透過在時間不足的情況下，練習縮減簡報的內容，就能親身體會時間的流速，簡報的時候就會變得比較從容。

比方說，一分鐘是轉瞬即逝的時間，當我們自以為準備的簡報稿子可在一分鐘之內念完時，只要試著以正常語速念念看，就會發現其實時間不怎麼夠。

當我們還不習慣簡報，而準備了一分半鐘的內容，就很難刪減多出來的30秒內容。

有兩種訓練可讓我們熟悉這個「一分鐘簡報」。

第一個訓練就是刪除多餘的部分，也就是盡力刪除與主題無關的內容與多餘的形容詞，在進行這項練習時，會發現「早安」「感謝大家抽空前來」「今天天氣不錯」這類引言很多餘。

有時甚至不需要介紹自己的名字，因為有些司儀會以「接下來，就請○○先生上台報告」的方式介紹你，有時候簡報資料也會寫著你的名字。

第二種訓練就是練習念稿，避免自己不自覺地插入稿子沒有的台詞，或是避

免自己吃螺絲。

如果不習慣念稿，很常會出現同樣的台詞念兩次，或是反覆說「嗯」「呃」這類多餘的連接詞因而耗掉時間。只要能避免上述的問題發生，至少就能節省10秒以上的時間。

≫這兩種訓練有什麼效果？

長期進行上述的兩種訓練，除了能徹底掌握自己在一分鐘之內能說明多少內容，也能讓自己學習有效利用時間的法則。學會在一分鐘之內說完該說的內容之後，接著就是進行三分鐘的訓練。重複這樣的訓練，可以讓自己掌握調整時間的技巧。

其實在職場上，「自我介紹」的機會比想像中來得多，如果能在需要自我介紹的突發狀況時，也輕鬆自在地介紹自己，就能與對方建立良好的關係，也會變得更有自信。習慣在一分鐘之內介紹自己之後，可試著準備30秒或3分鐘版本的自我介紹，就能夠更順利地介紹自己。

「一分鐘的自我介紹」是讓簡報變得流暢順利的標準配備。

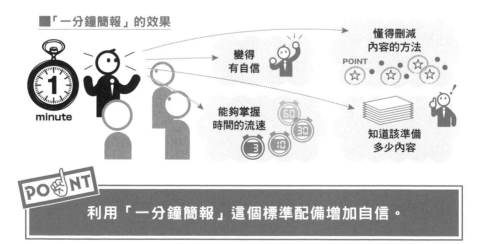

■「一分鐘簡報」的效果

變得
有自信

懂得刪減
內容的方法
POINT

能夠掌握
時間的流速

知道該準備
多少內容

POINT

利用「一分鐘簡報」這個標準配備增加自信。

理科人的簡報
不會使用多餘的詞彙

》人們為什麼總是會不經意地說出連接詞呢？

　　我們在聽別人說話時，如果一直聽到「那個」「所以」「呢」的話，會覺得卡卡的，聽得不太舒服，但其實我們自己也會不經意地說出類似的連接詞。這類連接詞一般稱為「口頭禪」。

　　一旦我們注意到這些連接詞，我們就很難集中注意力，說出自己想說的話。為什麼我們總是會不經意地說出這些連接詞呢？

　　這是因為當我們在一大群人面前說話時，會在意自己的說話方式，一旦太過在意，思考的速度就容易跟不上說話的速度，而為了調整兩者的落差，就會插入一些多餘的連接詞。

■為什麼總會不經意地說出連接詞呢？

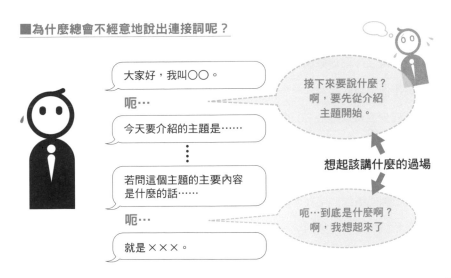

越是一邊思考，一邊說話時，越容易出現這類多餘的連接詞。解決這個問題的方法之一，就是像剛剛介紹的「一分鐘簡報」。先準備要說的內容，然後把所有的內容背起來，如此一來，就能避免自己說出多餘的連接詞。

多餘的連接詞往往是在不經意的情況下說出的，除非經過相當的練習，所以就算是事前告誡自己「今天一定要避免說出多餘的連接詞」也很難真的避免。

》減少連接詞的合理方法

接下來要介紹的方法適合組隊進行。主要是讓每個人輪流發表意見。雖然什麼主題都可以，但最容易起頭的主題莫過於自我介紹。每個人可先準備三分鐘左右的自我介紹，接著再讓每個人輪流介紹自己三分鐘。

此時的重點在於，假設正在自我介紹的人不小心說出連接詞，其餘的聽眾就要立刻舉手，讓正在自我介紹的人停下來。

就算停在很奇怪的地方也沒關係，先讓正在自我介紹的人暫停。盡可能在這個規則之中讓每個人多輪幾次。需要注意的是，如果人數太多就很難輪到自己，人數太少又不太像是在一群人面前自我介紹時那般緊張，所以一起練習的人數維持在十個人左右是最理想的狀態。

實際練習之後就會發現，要一口氣說完要說的內容，而且不說出任何冗言贅語，是件很困難的事情。

應該很少人可以連說30秒不中斷，大部分的人應該說個幾秒就會不小心說出連接詞，就算是很會說話的人，大概也撐不過10秒。所以即便一開始一直說不下去也不用太沮喪。

這個訓練能讓我們站在客觀的角度看待正在自我介紹的自己，以及正在聽自己自我介紹、給予回饋的另一個自己，幫助自己發覺什麼時候會不小心說出多餘的連接詞，有機會的話，請大家務必試試看。

■這項練習能減少連接詞

當我們試著減少多餘的連接詞，就能更從容地說完自己要說的內容，也比較不會怯場，最後甚至能在說話的時候，故意插入「空白」，引起觀眾的注意力。

》清晰的尾音能加強印象

戒掉不小心說出贅語的壞習慣之後，接著可試著讓語尾變得更清晰。有不少人在說話的時候拉長尾音，例如「就是啊～」、「對啊～」、「是喔～」這類拉長尾音的說話方式。

語尾拖得太長，會讓聽的人覺得很不舒服，但說話的人通常沒注意到這點。

在語尾的部分去掉「啊」、「喔」之類的尾音，簡潔收尾，就能讓整個句子變得清晰，說話的節奏也會變得更加明確。若行有餘力，很建議大家這樣練習。

POINT

透過特訓減少連接詞，學習順耳的說話方式。

理科人的視線
會掃視全場

》會看著聽眾表情的人只有5％

接著要再傳授另一項簡報技巧。

我原先是個不善言詞的人，在因緣際會之下，得到了上台簡報與演講數千次的機會。當我聽過無數次競爭對手的簡報之後，我發現95％以上的講者不會看著聽眾的表情。

如果是一對一的聊天，大部分的人應該都能看著對方的表情，因為要在意的只有一個人，只需要看著對方即可。

真正的問題在於有很多聽眾的情況。就算為了戰勝緊張而看著聽眾，也通常只能盯著最初眼神交會或是不斷點頭的聽眾。

姑且不論聽眾之中是否有關鍵人物，但大部分的講者應該都希望能讓所有聽眾聽懂內容，這麼一來，拿下訂單的機率也應該會增加。

照理說，在我服務很久的日本IBM之中，應該有不少員工很習慣簡報才對，但還是有九成以上的人在陳述簡報時，不會看著顧客的表情，通常都是背對顧客，朝著顯示著資料的螢幕，逕自說個不停。

這或許是因為很緊張，不敢看著聽眾的眼睛說話，但報告時看著聽眾是很值得學習的技巧，因為做得到的人很少。

》眼神交會的練習

練習方法與剛剛的減少贅詞的練習一樣，都建議大家組隊輪流練習。至於話

題是什麼都可以，也可以沿用三分鐘的自我介紹。

接下來就是正式練習。在自己開始說話之前，先請所有聽眾將筆立在桌面，接著在三分鐘之內一邊用心地介紹自己，一邊看著所有聽眾。

如果聽眾覺得自己與講者產生了眼神的交流，就讓立著的筆倒下來。講者要盡可能在三分鐘之內，讓所有聽眾的筆倒下來。

如果講者把所有心思都放在讓筆倒下來這個部分，就很有可能會變得詞不達意，不知道在講什麼，所以要不斷地練習一邊說話，一邊讓所有的筆都倒下來，直到習慣成自然為止。

光是能夠自然而然地與聽眾眼神交會，簡報的說服力就會大增，當然也能大幅地提升勝率。

》上台演講之前的準備

即使是大型演講的工作，眼神交會也是很重要的技巧。

如果免不了緊張，盯著會場中央最遠處的某個人，或多或少能緩和緊張。

這時候應該看不太清楚那個人的表情，所以比較容易將視線放在對方身上。這種技巧很適合在無法看著每個人的情況使用。

習慣之後，可試著望向左側深處、中央深處、右側深處，讓視線輪流落在這三個位置，就能創造「以眼神掃視全場」的錯覺。

接著要再介紹一個在台上緩和緊張的方法，即使我已經演講了數千次，到現在都還是會使用這個技巧。

首先在演講開始之前，至少提早20分鐘進入會場。我通常會在一個小時之前就進入會場，熟悉會場的氣氛，因為光是這樣，緊張的情緒就能緩和不少。

進入會場之後，先走到前面，坐在靠邊的座位。只要稍微側身，就能從這個座位看到所有觀眾，而且也不會背對觀眾，觀眾也能清楚地看到你的表情。

接著是趁著現場燈光還沒暗下來的時候，試著與每一位來賓進行眼神交流。如果有中場休息時間的話，也可以趁機與聽眾進行眼神交流，引導聽眾進入狀況。中場休息可說是最適合與聽眾眼神交流的時候。

與聽眾眼神交會，能讓聽眾有種「親切感」，也能讓聽眾放鬆，講者也會因此變得更能侃侃而談，請大家有機會務必試試看，一定能體會到按照自己的節奏演講是多麼愉快的事情。

■在演講時，讓眼神交會更順利的祕訣

② 如果不習慣眼神交會，可以似有若無地望向中央深處的聽眾

③ 熟悉之後，可試著輪流望向中間、右側或左側深處的聽眾

① 在20分鐘之前進入會場，掃視整個會場。

眼神交會的技巧可透過特訓學會。

理科人的簡報會從「精彩之處」開始鋪成

≫有時會是「開門見山的高潮」

讀者在讀小說的時候，通常是從頭開始閱讀，但作者似乎不一定是從開頭撰寫。很多都是先寫完驚奇的設定或是最精彩的部分，以及解開謎底的內容，才一步步加上花絮與建構情節。

簡報也是一樣，不需要從頭依序製作。說得更精準一點，從頭開始介紹，很容易淪於枯燥乏味。

就一般的軟體簡報而言，通常會先自我介紹與說明背景，接著確認要件，說明產品與服務的性能，最後再進入結論的部分，至於作為亮點的競品比較則通常會擺在最後面。

這種傳統的編排方式雖然百無一害，卻很難打動聽眾的心。此時的重點在於先以震撼的效果引起聽眾的興趣，接著再穿插一些刺激的內容，替整個簡報增色添味。

最後以一句直擊內心的話收尾，就能提升簡報的效果。

要做到這點，就必須先準備幾種刺激的調味料，若以棒球比喻，就是要多準備幾種「球路」，這麼一來，就能賦予簡報節奏感。

所謂的「球路」也就是「營造效果的部分」，比方說，讓「聽眾感動的故事」或是震撼力十足的「展示」，抑或力壓競品的「比較表」，可試著將所有球路排在桌上檢視。

常言道，寫文章有所謂的「起承轉合」，但是簡報若是照著這個順序進行，

■簡報的「精彩之處」該安插於何處呢？

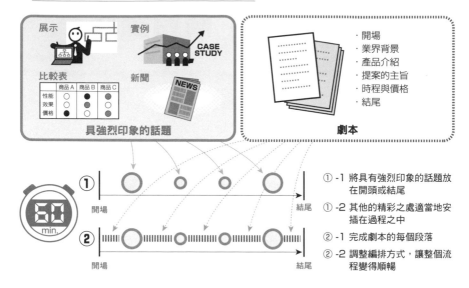

反而是失敗的簡報，應該調整為「合承轉起」的順序，從「結論」開始介紹。理由之一就是從「精彩之處」開始鋪陳，這在前面已經提過。另一個理由就是先提出訴求，以免錯失良機。

就算簡報的時間因為一些意料之外的事情而縮短，只要先從結論開始介紹，最後還是能順利提案，完成簡報。

比起「起承轉合」的順序，「合承轉起」更能巧妙地在適當的時間點插入「精彩之處」。

》找出所有的「精彩之處」

「精彩之處」雖然很重要，但不過度強調才是聰明的做法，更高明的方式則是似有若無地帶出精彩之處。比方說，展示第三方的好評，或是透過評估表宣傳自家產品的優點，通常比較客觀，也比較震撼，如此便能抓住聽眾的心。

　　如果展示的是軟體這種產品，最棒的宣傳手法就是直接以實機或程式「展示效果」（參考28頁）。如果手邊有可以展示的產品，或是效果相仿的資料，建議擺在開頭或是結尾介紹。

　　介紹實例也是很有效的手法。一來，這種方式比較客觀；二來，實際存在的案例很有參考價值。此時的重點在於力求精簡，別說得太冗長，讓整個簡報變得很無聊。

　　透過比較表宣傳自家的產品固然是不錯的手法，但有可能會讓聽眾覺得缺乏客觀，所以要記得標記出處，也不能讓聽眾覺得你別有居心，只想著宣傳自家的產品。除了比較表之外，還可以利用圖表突顯訴求。

　　準備越多「精彩之處」，越能讓整個簡報變得簡潔有力，而且上台報告的人也能更從容地面對台下的聽眾。一旦形成這種良性循環，整個簡報就會變得十分流暢，也更具說服力。建議大家在報告前，先列出所有精彩之處。

■將多個「精彩之處」安排在簡報之中

留下印象的展示
實物
實例
市場調查結果
具衝擊性的事實
競爭對手比較資訊
法條修正資訊
即時新聞
活動資訊
……

・客觀的內容
・具真實性的內容
・在歸納與表達上花心思

POINT

利用多個「精彩之處」打造引人入勝的簡報。

理科人的即興演出
來自豐富的內涵

》被迫在現場直播節目即興演出的我

不善言詞的我很不擅長即興演出。雖然在反覆練習之後，我總算能自在地陳述簡報，但還是很羨慕那些能即興演出的人。

我通常會在上台報告時說很多話，所以有些人以為我是個很會說話的人，但其實台上的我總是戰戰兢兢，害怕聽眾問一些太過刁鑽的問題，所以報告的語速也很快。

四年前，晨間資訊節目《爽快早晨》的導播邀請我擔任這個現場直播節目的評論員。

因為我沒看過這個節目，所以接下來非常辛苦。在正式上台之前的一週，我錄下每天早上的節目，掌握節目的流程與氛圍，也閱讀所有的時事哏。看了錄好的節目之後，也發現主持人會隨興要求來賓發表言論。

我當然不想搞砸節目，所以不斷地準備資料，準備更多「話匣子」。有可能會被當成話題的新聞也全部看一遍，然後每則新聞都準備3～4則評論。

當天到了攝影棚之後，有件事讓我非常驚訝，那就是腳本換個不停。最終版的腳本居然是在正式開錄之前的五分鐘才送到我手上，那時我才明白，不管我準備了多少資料，還是不得不即興演出。

正式開錄之後，我最擅長的科技話題一個都沒提到。還好我前天晚上有準備，所以才能勉強接住主持人丟過來的球。主持人有時會因為不同意我的觀點而問得更加深入，到現在我都還記得，當時我邊回答問題邊嚇得冷汗直流。

當時我真的很慶幸自己準備了很多「話匣子」。

我們的大腦為了活用過去的經驗與知識，會在大腦內部的資料庫儲存許多資料，以便在發生事情時，從這個資料庫搜尋適當的「話匣子」，再予以活用。

能否活用這個大腦的機制，取決於「話匣子」的品質與數量。

》「話匣子」越多的人越能夠獲勝

我有位朋友是猜謎王，我從他身上發現，他對各種事物都很有興趣，總是想要探索未知的事物。每天增加不同領域的「話匣子」是他成為猜謎王的祕訣。

不擅長即興演出的我，最近除了有機會進行簡報與演講，還被邀請參加小組討論。大多數的小組討論都是一連串的即興問答，隨著參加次數增加，我也慢慢懂得了箇中訣竅。

同時，線上演講擔任講者的機會也增加不少。不知道是不是因為不需要面對面，所以氣氛比較輕鬆。偶爾出現一直被問問題的情況，我也能夠應對如流，有時連自己都不敢置信。

到底是在什麼時候學會即興演出的呢？當我分析自己的思路之後，發現了下列的「演算法」。

遇到別人發問時，首先從自己的資料庫找出有一定水準、不會害自己丟臉，又能替自己留後路的答案，此時的重點在於快速回應，而不是提出精準的答案，不管什麼答案都好，至少先準備「回答1」這個答案。

稍微不那麼緊張之後，就利用剩下的時間從資料庫找出更好的回答，置換剛剛那個平鋪直敘的答案。

如果找到最適當的答案，就會開始思考該怎麼說明這個答案，讓這個答案變得好像很有內涵。說到底，這都是因為我有很多「話匣子」，所以才能看似毫不費力地即興演出。

■能夠即興演出的思路

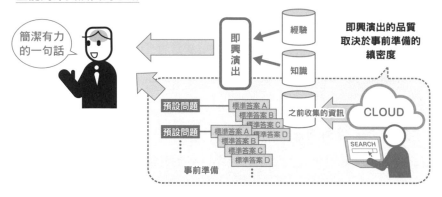

我常將這種「話匣子」比喻成「零件」或是「子程序」，我甚至覺得這種話匣子就像是樂高的積木一樣。只需要更換適當的「零件」，就能迅速組出不同形狀的作品。

想必大家都知道，「話匣子」除了能幫助我們即興演出，還能提升簡報或演講的層次。要想增加「話匣子」的數量，平日就得多方接收資訊，例如對報紙、專業雜誌、網路新聞或是別人的演講多幾分好奇心，然後儲存各種「這個以後能派上用場」的資料。

我過去都是以簡報的方式儲存相關的資料，而現在都能轉換成數位資料，存在電腦裡面備用，實在是非常方便的時代，而且還能透過搜尋的方式，立刻找到需要的資料。

我堅信增加「話匣子」是讓自己在簡報的時候獲勝的最快途徑，也是最有效的方法。

POINT

平時增加「話匣子」，簡報就會變得得心應手。

理科人的簡報會巧妙地透過「問題」與「影片」抓住聽眾的心

》誰都懂得提問

剛剛提到，「話匣子」的數量越多，簡報的品質就越好，但我們不可能真的全方位攝取豐富的資訊，以自己有限的知識來傳遞的訊息也有限，還是會擔心沒辦法用完所有演講或簡報的時間。

此時推薦大家「提問」或是使用「影片」。

大部分的理科人都喜歡猜謎，在企業握有決策權的高層也有類似的傾向。如果台下的聽眾是經營者，我一定會在簡報或演講的時候請他們猜謎，他們也通常很配合，因為這些經營者都覺得「自己很聰明」。

為什麼我會建議大家在簡報的時候提問呢？其實提問有助於加深理解，能夠產生「動手學習」這種模擬體驗的感覺，讓大腦快速吸收資訊。

■簡報與提問是出奇的好搭擋

- 能讓聽眾與講者交流，加強參與感
- 可以調整時間
- 可以讓聽眾覺得有趣
- 聽眾會覺得自己「可能會被點到」而變得更專心

我有時候會在簡報或演講開始之前先向聽眾提問，這時候通常能夠引起聽眾的注意力，也就能讓聽眾更進入狀況，專心聽接下來的主題（例如產品功能的說明）。

那麼覺得自己「我哪會設計什麼提問啊」的人該怎麼辦呢？請放寬心，因為在進行簡報時，一定會有想要傳遞的訊息才對，只要把這個訊息當成答案，就能想出很棒的提問。

說得極端一點，只要有答案，隨便想個問題都可以，就算偏離主題也沒關係，有時提問會是引起聽眾注意力的手段。

比方說，我手邊有好幾種利用圖形讓人出現錯覺的問題，我偶爾會在簡報或演講的開頭與途中拿出來問聽眾。之後則會接著這麼說：

「不管是什麼事情，我們都很難看穿本質。雖然網路的搜尋引擎很厲害，讓我們覺得可以不偏不倚地搜尋任何資料，但其實我們手上的資料都帶有偏見，而這就稱為『資訊濾泡』或『同溫層』現象。

我們總以為『眼見為憑』，總以為自己不會戴著有色的眼鏡，但從剛剛的猜謎就可以發現，即使事實擺在眼前，我們還是會依照自己的需求扭曲事實。同理可證，今天介紹的◎◎◎◎也必須排除先入為主的成見，直擊本質才行。」

這麼一來，就能從提問接到今天的主題（◎◎◎◎）。

在簡報安插提問的好處還有很多，例如可以看到聽眾真實的反應，也能讓講者多幾分從容，還能調整簡報或演講的節奏，甚至可以用來補充內容。

》播放影片，為自己增取時間

基於相同的理由，影片也是在簡報獲勝的武器之一。

在影片普及之前，我會展示產品，創造與播放影片相同的效果。即使是現在，展示產品還是最具說服力的手法。

　　早期遇到出差這類沒辦法帶著產品拜訪客戶的時候，就只能放棄展示產品，但現在都能改以影片展示（但是要注意著作權的問題）。

　　影片與提問一樣，都有「引人入勝」「爭取時間」「增加說服力」的效果。對於不善言辭的人而言，透過影片，把產品說明交給影片中比自己會說話的人負責，也不失為一個好方法。

　　此外，講者可在播放影片的時候，為自己爭取一些時間。

　　比方說，可趁機掃視全場，觀察聽眾的反應，也可以確認剩餘的時間，調整簡報或是演講的節奏。

　　唯一要注意的是，不要濫用提問或是影片，因為簡報的聽眾不僅在意提案的內容，也會透過講者的一言一行觀察眼前的講者是否是值得信賴的生意夥伴。

　　提問或是影片這類能夠一箭射中聽眾內心的工具要用得適得其所，講者終究還是得透過自己的人格特質說服對方。

■可改用影片展示

實際展示產品

●就算是不方便帶在身邊的產品，也能透過影片呈現
●內容可交給擅長說明的人說明
●可重新調配時間

「提問」與「影片」是能適時解圍的裝備。

理科人的簡報總是會「顧全大局」

》不能讓聽眾越聽越迷糊

顧客在選購產品或服務的時候,通常會有一定程度的「負擔」,在做出決策的時候,也會產生一定的壓力。

就這層意義而言,簡報也是聽眾必須一決勝負的場合。如果在簡報開始之後,遲遲無法看清簡報的全貌,聽眾就會放棄「理解」,也就無法做出決定。

若以登山為例,天氣好得能一眼看到山頂,以及山頭罩著一層厚雲,不知道何處才是山頂的情況,都會讓登山的人產生截然不同的疲累感。當我們看不見終點,就很可能不知道該怎麼調整節奏,也會一直忐忑不安;若是看得到終點,也比較能容易一鼓作氣衝向終點。

同樣的道理也能套用在簡報的場合。

有些人為了創造驚喜,會故意像是擠牙膏一樣,一點一點地揭露必要的資訊,故意不讓聽眾一窺全貌,但是這種做法很容易弄巧成拙。

為了在簡報的時候導出完美的結論,必須讓聽眾理解內容,還必須打動聽眾的內心,所以讓我們提供「正確的認知」以及「感動」吧。

為了提供這兩點,必須先讓顧客了解產品或服務的應用範圍,接著再提出令顧客又驚又喜的功能(選配功能),就能進一步營造效果。

如果能讓顧客產生「比想像中好用」「比想像中快速」「沒想到還有這招」「沒想到能確實解決問題」這些反應,那簡報就算是成功了。

我通常會先描繪全貌,例如:我都會先跟顧客說「接下來要說明的是整體的

這個部分」，避免顧客因為不知道我在介紹哪裡而慌張。

其實簡報就像是拼圖，如果能在開頭的時候，就讓顧客看到拼圖完成之後的模樣，再將拼圖一片片放進拼圖框之中，聽眾就會知道簡報進行到哪個步驟，也能輕鬆地跟上簡報的節奏。

就算內容都一樣，先描繪全貌可賦予簡報截然不同的說服力。

順帶一提，講者必須對內容有一定的了解，才有辦法使用這種從全貌切入細節的簡報方式。反過來說，當聽眾覺得整個簡報的結構很完整，就會覺得講者很值得信賴，也願意傾聽講者的說明。

■讓聽眾知道「現在身處何處，終點又在哪裡」

先描繪全貌，讓聽眾安心。

理科人的簡報構成
以顧客為第一優先

》簡報的構成應加入顧客可能會有的疑問

當我們聽取說明的時候，通常會一邊了解內容，一邊試著根據自己的價值觀整理與定義這些內容。

一旦我們不知道該如何定位這些內容，我們就會卡住，不知道該怎麼吸收。我們常常會因此變得煩躁，也會因為不想再聽下去而擺出一副「好像有在聽的樣子」。

小孩沒辦法跟上課業的情況大多如此。

善於言詞的人，通常很懂這種「讓聽眾聽懂說明的模式」。

假設為了贏得簡報而提出一個顛覆常識的全新切入點，此時善於簡報的人會先預設聽眾可能提出的疑問，然後在簡報進行的過程中，透過自問自答的方式，先一步解決聽眾的問題。

如果能學會這招，就能與競爭對手拉開差距，因為很少人能夠在進行簡報的時候，替顧客想到這一步。

在此為大家介紹一個耐人尋味的小故事。

我還在日本IBM服務的時候，曾與上司爭辯「什麼才是理想的簡報」這個問題。當時的上司是這麼說的：

「我們是這方面的專家，所以絕對不能被顧客看扁。故弄玄虛可以讓顧客知道我們的厲害，也會尊敬我們，之後就能順利拿下案子。」

我完全沒辦法接受這種說法，雙方在這場在居酒屋的爭辯之中，就像是兩條

平行線，完全無法達成共識。我之所以無法接受上司的意見，是因為我認為簡報的目的不在於讓顧客覺得我們很厲害，而是要讓顧客了解提案內容，最終拿下訂單才對。

或許就如這位上司所說的，有些顧客的確會因為「雖然聽不懂對方在講什麼，但是對方很厲害，所以應該沒問題」而願意跟我們簽約，但是，當產品或是服務出了問題，顧客就會覺得「聽信對方的自己很愚蠢」，進而對自己失望，也就不會再給我們機會服務他。

在沒有百分之百信任的情況下選擇產品或服務，甚至有可能會留下陰影。

前面提過，簡報最重要的目的在於讓顧客理解內容以及打動顧客的內心，所以在說明比較複雜或是嶄新的內容時，應該盡可能選用簡單直白的詞彙，同時先行解答潛在的問題，才算是體貼顧客的說明方式。

表面上，越為顧客著想，似乎越容易偏離主題，但與其固守流程，帶著顧客聽完整個簡報，才能讓顧客聽懂你真正想表達的內容。

所以在進行簡報時，講者必須根據聽眾理解內容的速度，調整說明的節奏。

■製作為顧客著想的簡報

●預先回答顧客有可能提出的疑問

●就算有些偏離主題，也要多在聽眾感興趣的部分著墨，不要自顧自地說個不停

理科人的簡報會安排
令人驚豔的效果

≫試著自我介紹兩次

我最常用的技巧，就是在演講連續介紹自己兩次。

上台演講的時候，我通常會在開場白的時候，讓台下的聽眾知道「現在是誰在演講」，接著會在中途準備進入高潮的階段，再度自我介紹。在演講的過程中，說明自己扮演的角色以及個人資料，能讓聽眾留下更深的印象。

在中途自我介紹是有點突兀，但從營造效果的角度來看，這的確是「神來一筆」。也是有跳過自我介紹，突然就拋出主題的簡報，此時講者通常會在最後像是揭露謎底一般帶入自我介紹。

不管是哪一種方法，重點都是帶領聽眾進入演講或是簡報之中。

■透過兩次的自我介紹營造驚喜感

≫簡報的優劣有九成取決於能不能留下深刻印象

假設眼前有一個略顯突兀，但很令人印象深刻，非常想要放入簡報內的話題，卻不知道該埋在哪個部分。

這時候的建議是，不需要像「既然這是用來說明背景的哏，就該放在開頭」或是「既然放在哪裡都不對，就放在最後的補充說明裡吧」，這樣太過邏輯性的思考。應以賦予簡報深刻印象為最優先，來考量插入話題的位置。只要能打動聽眾的心，自然而然就能拿下訂單。

不過有一點要特別注意，那就是上司在確認簡報內容之時。若上司是很重視邏輯思考的人，很有可能要求你將這種以加深印象效果為重的「神來一筆」放在其他的位置。

如果有這層擔心的話，可在請上司檢視時，先把這類特殊效果的話題拿掉，等到正式開始的時候，再愉愉把哏放回去（笑）。

■拿出上司也不知道的話題，讓整個會場為之驚豔！

彩排

正式上場

對了，說個題外話…

● 大道理很難讓人感動
● 說明重點與流程，讓聽眾安心

上司

● 在適當的時間點放入熱騰騰的新資訊或是效果十足的話題來強化印象！

上司

POINT

編排內容時，
要以符合顧客興趣的流程及效果為優先。

理科人的簡報會利用「開頭5分鐘」及「結尾1分鐘」俘虜顧客

≫「背下所有內容」才能事半功倍

大家在進行簡報時，會把所有內容背下來嗎？還是只背重點，等到正式上場之後，再視情況補充說明呢？

假設這場簡報像是甄選人才的場合，需要在極短的時間之內展現自己的強項，那麼將所有的內容背得滾瓜爛熟，會是比較妥當的方法；如果是長時間的演講，就可以將想要說明的重點或關鍵字寫成小抄，再視情況看著小抄進行簡報或是演講。

雖然與簡報有些出入，但大家不妨想像一下，自己站在婚禮台上，準備向主人與賓客致詞的場景。

就我印象所及，大部分的人都只記住重點，之後再即興發揮，但也有人會先準備稿子，然後一邊致詞，一邊頻繁地偷瞄稿子。

我要說的不是哪邊才是正確的做法，但是要贏得簡報，就必須先「打動聽眾的心」的話，那麼答案可說是昭然若揭。在絕對得拿下訂單的狀況之下，我建議大家「背下所有的內容」。

有些人擔心這種背下所有內容的方法，會讓人覺得像是在念稿，但其實恰恰相反。只有才剛背完的時候，才會像是在念稿，所以請大家不斷地背誦，直到能不假思索地說出內容為止。當這些內容成為身體的一部分，這些內容就更具說服力。

■背下所有內容比較理想的原因

● 正式上場之後，有很多**要注意的事情**，所以要練習到像是反射動作地說出內容

● 如果內容很多，可試著**背下每張投影片**的內容

≫聽眾會在「開頭5分鐘」決定要不要聽下去

那麼，到底該背誦多長的簡報內容呢？

就我的經驗而言，25分鐘以內的簡報只需要多背幾次就能背下來。像是10分鐘這種相對較短的簡報，建議大家不要怕麻煩，將整個簡報的內容背下來，就更有機會接近勝利。

如果是時間更長的簡報該怎麼辦？

我曾多次參加30分鐘到1小時間的簡報，當下真的覺得「猶如地獄」。

當時間超過30分鐘，實在不太可能背下所有內容，所以我通常只背「開頭5分鐘」以及「結尾1分鐘」，中間的部分則只背下重要的訊息與關鍵字。

只要能記住開頭的5分鐘，就能自然而然地介紹後續的內容。

聽眾也會在開頭的5分鐘判斷講者。「這個人好像很有趣！」「接下來的內容好像很有用！」如果沒辦法在一開始的時候，讓聽眾產生這類感覺，那麼不管後續的內容再好，聽眾也聽不進去，說不定還會聽到打瞌睡。

所以，只要不是很習慣滔滔不絕的人，最好把開頭5分鐘的內容背得滾瓜爛熟，還要試著透過一些抑揚頓挫、表情或是肢體語言，打動聽眾的心。

》「最後1分鐘」是簡報集大成之處

「最後1分鐘」是至關重要之處。常言道「結果決定一切」，讓我們利用扣人心弦的一句話結尾吧。在此我要介紹自己的例子。

在過去，曾流行過「小學生30人31腳對抗賽」這種電視節目，也就是讓30名小學生分成一組，以兩人三腳的遊戲方式，讓這些小學生進行50公尺快跑的競賽。

當我看到自己跑50公尺跑不進10秒之內的女孩子，與其他29位夥伴一起跑，結果跑出9秒多的成績時，真的有種「與同伴合作就能超越極限」的感動。

利用這個電視節目說明「超越極限」的意義之後，我都會以下面這句話總結自家產品的簡報。

「希望有機會我能與在場的來賓，主辦方的夥伴們成為三人四腳的夥伴，一同做出好產品，一起超越極限，為社會做出更多貢獻！」

想必大家都知道，這句收尾的台詞有助於拿下訂單。

POINT

**如果內容多到沒辦法背誦，
就將心思放在「引入入勝」的內容與「結尾」。**

理科人的簡報一定會分享待辦事項與流程

≫不斷地約好下一次的時間，就有機會拿下訂單

我們平常除了很努力銷售自家的產品或服務，也很常「被推銷」，所以我也在不知不覺中，發現很會推銷的業務員，與不太會推銷的業務員之間的不同。

一直以來，我在IT業界都扮演「推銷商品」的角色，但其實我曾經在行銷部門任職時，也經歷被推銷商品。此外，我在擔任IT安全性公司的CIO的時候，曾是調度零件的負責人，所以對零件的價格總是錙銖必較。

就我的經驗來看，能順利拿下訂單的人，通常都會在談完生意之後，與對方分享接下來的待辦事項與流程。一定會確認下次見面的時間。

比方說，一定會跟顧客說「下次來拜訪的時候，會把○○的負責人帶來，回答有關△△的疑問」，約好下次見面的時間。如果是手腕更高明的人，還會與顧客分享接下來的時程，透過話術讓顧客跟著我們的步調走。

反之，如果沒有得到顧客的同意就擅自決定行程，反而會弄巧成拙。所以得透過下列這些常見的話術，巧妙地引導顧客。

「接下來能否以○○的流程進行呢？」

「到時候，是否能在那個階段稍微考慮一下要不要採用敝公司的產品？」

由我開發與銷售的軟體通常是以公司對公司的方式銷售，所以對方的採購負責人（關鍵人物）往往承受著超乎想像的心理壓力。

「要選哪家公司的產品才對？」「要選擇哪個模型才對？」「該在什麼時候採購才對？」他們必須釐清上述這類問題，以及向公司高層報告，而且越是昂貴

的系統，公司內部的審核流程就越是複雜，有時會因此被各部門阻礙或施壓。

由於這些困難是可預期的，所以這些關鍵人物會不經意地忽略後續的時程。

反過來說，只要能幫助這些關鍵人物依序解決那些多不勝數的阻礙，他們就會更感謝你，你也有機會領先其他競爭公司一步。

所以有機會的話，請務必與顧客一起規劃行程，但千萬不要只規劃出有利於自己的行程。

以微觀的角度分享後續的待辦事項與流程，再以宏觀的角度分享在正式簽約之前，雙方正處在哪個階段，就能搏得關鍵人物的信賴。

■試著讓關鍵人物倒向我們

・回顧今天的共識與決定
・確認下次見面的時間
・確認下次討論的內容
・確認在下次開會之前要解決的課題
・確認後續的行程

● 在取得顧客的認同之下，以雙贏的態度引導顧客
● 讓顧客看得到後續的流程，放心跟著你走

代替顧客引導後續的流程。

第 **3** 章

比稿 300 次無敗績！
理科人的
資料製作術
「總論篇」

理科人製作資料時，會以不同的方式編排簡報與隨附資料

》能幫顧客節省多少麻煩才是重點

製作簡報資料通常很花時間，而且不知道顧客的接受度如何，以至於常常都是白忙一場。

如果從工作效率這點來看，每個人都希望將所有的精力放在與拿下訂單有關的事情上，不想要浪費力氣。然而，這種看似理所當然的想法，往往會讓我們錯過機會。

在前一章的簡報技巧提過，多準備一下可重複使用的「零件」或是「話匣子」，有助於製作簡報資料，所以請大家務必將產品或服務的說明，或是自家公司的簡介做成所謂的「零件」。

在製作資料的時候，最該重視的莫過於體貼顧客。理由主要有兩點。

第一點是與競爭對手做出差異，這部分也已經提過很多次。顧客都希望能與替自己著想的夥伴合作。

第二點則是節省顧客的麻煩。如果能以顧客習慣的用字遣詞製作資料，顧客就能直接沿用我們製作的資料。一如我們想提升營業效率，顧客也不想花時間製作資料，所以能幫顧客節省製作資料的時間，對顧客來說是一大幫助。

第1章提過，能替顧客的公司以及該公司的負責人創造好處，是最理想的營業手段。

幫助負責人減少製作資料的麻煩，對負責人來說，絕對是一大好處。提供顧客能重複使用的資料，就能幫助顧客減少麻煩，顧客也會對我們很滿意。

》調整簡報與隨附資料的內容

一般來說，提供給顧客的資料分成兩種，一種是簡報，另一種是隨附資料。這兩種資料應該有明確分別。

其實在不久之前，大部分的人都只會製作資料，然後在開會的時候發給與會人員，再照著資料說明。但近年來，大部分的公司都會要求來比稿的公司進行簡報，所以前來比稿的公司可在有限的時間之內，透過投影片的資料為顧客說明產品或服務。隨附資料慢慢地淪為補充資料。

大部分的人為了提升營業效率，都會將心力放在製作簡報上，而隨附資料則以制式的印刷品取代，這種做法是無法拿下訂單的。

一如本書的主題所述，貫徹所有合理的服務與違背常理（不合理）的服務，是致勝的關鍵。「貫徹合理化的部分，並以近乎違背常理的方式向顧客展現最大誠意」，是戰無不勝的工作技巧。

為了讓顧客可以合理性地達到他的目的，就算讓我們做不合理的事情也能夠接受，更不用說只是把展現給客人的誠意用在製作簡報資料上了。

建議大家不要讓簡報與隨附資料長得一模一樣。

》透過簡報「說服」顧客，再透過隨附資料爭取顧客的「認同」

簡報是為了報告所製作，所以得製作成顧客就算只看一眼也能懂的內容，換句話說，不是為了用來閱讀的資料。

隨附資料則是在簡報結束之後，讓顧客進一步了解產品或服務的資料，而不是在聆聽簡報之際閱讀的資料。此外，隨附資料也可用來補充說明。

所以隨附資料的內容應不需靠口頭說明也能被理解，而且應盡力製作詳盡內容，讓顧客能事後直接在公司內部沿用。

■適時適所地使用簡報與隨附資料

簡報	隨附資料
一目瞭然的內容	之後再閱讀也很容易理解的內容
可當場說明與補充	可以自行閱讀的內容
距離遠也能看清楚的字體大小	每一頁的內容都很完整與簡潔
強調重點	消除顧客的所有疑問
以視覺設計為重	在結尾處追加補充資料

POINT

簡報的重點在於「說服」顧客，隨附資料的重點在於搏得顧客「認同」以及「方便顧客重複使用」。

理科人的簡報
「一頁只傳達一個訊息」

》用於製作簡報、隨附資料的應用程式與環境都不同

最近有越來越多人習慣進行簡報，但似乎還是有很多人在製作簡報時，把其當成隨附資料製作。

但是仔細想想，從製作這兩種資料的應用程式來看，兩者在本質上根本是不同的東西。

隨附資料通常會使用 Word 這類文書軟體製作，換句話說，隨附資料的主角是文字。雖然偶爾會插入 Excel 的表格或是圖片，但基本上還是將重點放在「說明」。

反觀簡報，則通常會以 PowerPoint 製作。這是一種可以繪圖、調整版面以及插入補充說明的軟體，利用這種軟體製作的資料當然是以「圖案」為主角，而不是以文字為主角。

這兩種資料除了有上述的差異，還有其他決定性的差異，那就是簡報資料可以是動態的，隨附資料沒有這類效果。PowerPoint 可透過動畫功能營造動態的視覺效果，引起聽眾的注意。最近甚至能夠直接插入影片。

顧客過目資料的時間長度也不同。以隨附資料為例，如果時間足夠的話，顧客能夠在 30 公分的距離之內，仔細地閱讀印在 A4 紙的內容；反觀簡報則是只有短時間的展現機會，會讓人湧現緊張感，害怕錯過每個訊息，而且聽眾都是坐在幾公尺遠的位置，看著投影機放大顯示的內容，所以沒機會慢慢地閱讀這些內容。

上述的差異告訴我們，製作簡報資料與隨附資料的注意事項不同，所以在此先為大家介紹製作簡報的注意事項。

》一頁只傳達一個訊息

一如前述，簡報資料是觀眾們一邊聽說明，一邊看的內容，講者會根據說明的節奏翻頁。聽眾即使想進一步了解而閱讀內容，簡報還是會隨著講者的節奏翻頁，此時聽眾若是跟不上講者的節奏就會脫隊，也就無法認同講者想表達的內容。

所以為了不讓聽眾脫隊，講者必須想辦法吸引聽眾聽說明，不能讓聽眾閱讀太過龐雜的簡報資料。

■製作簡報資料的重點（其1）

然而，許多人都沒做到這點。甚至有些人覺得沒辦法說清楚的地方就以簡報資料補充，而且大言不慚地說：「聽不懂的地方就看投影片！」

簡報資料充其量只是補充說明的資料，是透過視覺設計讓聽眾進一步了解內容的工具。

所以簡報內容要力求精簡，請各位貫徹一頁只放一個訊息的原則。

說得極端一點，讓自己沒有PPT也能完成簡報吧。如果能做到一頁只放一個訊息的話，講者只需要偶爾瞄一下資料，就能夠想起該介紹的內容。

每一頁的簡報資料就像是一個「話匣子」，也很像是某種目錄，只要瞄一下每一頁的資料，就會知道此時的訴求重點是什麼。這可是幫助我們流暢地說明內容的一大武器。

》統一背景（範本）與字型

前一章已經強調過增加「話匣子」的重要性，其實這個道理也能套用在製作簡報上。唯一要注意的是，若在簡報中塞入過多從「話匣子」收集的資料，反而會讓聽眾不知道你想要表達什麼，因為每一頁的資料會缺乏一致性。當資料未以統一的格式編排，不管內容有多好，也很難說服聽眾。

在還不太會製作簡報資料時，有可能會從網路複製與貼上一些可用的資料，但這麼一來，資料的格式就無法一致。

要想營造一致性，至少要使用相同的背景，也就是範本。此外，也應該使用相同的字型。

我知道，有些人會覺得這麼做很麻煩。就我所知，每一頁的資料都使用相同字型的人其實不足5％，所以光是統一簡報的格式，就能讓顧客覺得你比其他競爭對手更有經驗。

在此要介紹能快速統一字型的方法，讓大家不再需要替每個文字方塊設定字

型。假設你使用的軟體是PowerPoint，可先按下「Ctrl + A」鍵選取所有文字方塊，再設定字型，就能一口氣替所有文字方塊設定相同的字型。

建議大家可先決定自己的標準字型。有時候會為了強調部分內容而使用其他的字型，所以不需要硬是統一所有文字方塊的字型。

》簡報的顏色不要超過四種

至於統一用色的部分，每個人可依照自己的喜好選擇想要的顏色，沒有嚴格的規定或準則。

唯一的重點在於「不要使用太多種顏色」。

如果能賦予顏色意義，就能讓聽眾產生「原來這裡是重點啊」或是「原來這裡要特別注意啊」的感覺，也能讓簡報更具說服力。

陳述簡報的時間通常很短，而且都會不斷地翻頁，所以建議要利用顏色營造效果。

給大家的建議是，簡報的顏色不要超過四種。

以我為例，我通常只使用兩種顏色，分別是黑色與藍色。如果只使用一種顏色的話，簡報會變得很黯淡枯燥，所以我通常會在標題與內容使用不同的顏色，或是以黑色為基本色，然後將重點設定為藍色。

如果有特別想要強調的文字或是比較負面的資料時，就會把文字設定為紅色；反之，如果要強調比較正面的資料時，就會設定為綠色。

由於綠色很難從黑色或藍色的基本色跳脫出來，所以若要使用綠色，就會搭配帶有負面意義的紅色營造對比的感覺。

如此一來，簡報的顏色就能限縮至四種，也足以表達所有想表達的內容。

以上就是我的配色基本規則，不過，配色沒有所謂的正確答案，大家只需要建立屬於自己的配色規則即可。

■製作簡報資料的重點（其2）

●字型統一比較容易閱讀

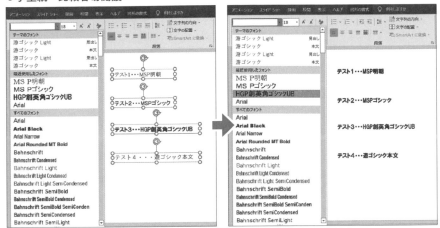

- 按下 **Ctrl** ＋ **A** 鍵可選取所有文字方塊

- 可一口氣統一所有文字方塊的字型

簡報資料應該力求簡潔，方便聽眾閱讀。

理科人的簡報
會在配色多花心思

》使用調色盤與 PowerPoint 的色彩選擇工具功能

接著為大家繼續介紹製作簡報的注意事項。

剛剛提過，簡報的顏色最好不要超過四種這點，但是有時就是會想多使用幾種顏色。舉例來說，在簡報貼入照片或是圖片時，有可能會為了配合照片或圖片的色調，而加入同色系的其他顏色。

在 PowerPoint 這類繪圖軟體貼入文字方塊時，可以調出調色盤，讓使用者從調色盤選擇顏色。只需要利用這項基本功能進一步指定更細的顏色即可。

如果不知道該怎麼指定顏色，可讓調色盤隨時留在畫面上。

我的話，會將下方的連結新增為網頁瀏覽器中我的最愛，就能隨時參考調色盤，快速選出更細膩的配色，也能知道顏色的色碼。

這項工具也能在 HTML 這類應用程式使用，真的非常方便。

調色盤取樣網頁：https：//www.colordic.org/

假設大家是使用 PowerPoint 製作簡報，那麼還有一個非常方便好用的功能，那就是「色彩選擇工具」。如果手邊已經有上了色的圖片檔案，只需要先點選「色彩選擇工具」，再讓滑鼠游標移動到該圖片上方，按下滑鼠左鍵點選需要的顏色，就能設定相同的顏色。

比方說，如果在簡報中使用引用圖片，想消除圖片隨附的文字，就能利用

「色彩選擇工具」選取與該文字的顏色相近的顏色，利用相近的顏色消除文字，非常好用。

■製作簡報資料的重點（其3）

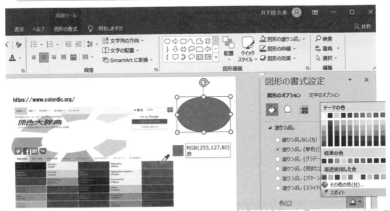

● 將調色盤的網站新增為網頁瀏覽器的我的最愛，
　就能快速設定更加細緻的配色！
● 使用PowerPoint的「圖形格式」的「色彩選擇工
　具」，就能快速取得圖片的顏色！

》利用圖表呈現資料

有些人會在簡報內用繁複的表格來呈現資料，但其實我不太建議。

常常有人覺得，好不容易利用Excel製作了塞滿資料的表格，當然要放在簡報裡面呈現給顧客。

但是從顧客的角度來看，要從幾公尺之外的距離看清楚螢幕上的表格，實在不是一件容易的事。

簡報中的資料建議以圖表方式呈現。

在此要注意的是，資料過於瑣碎的圖表也不容易閱讀，所以可以透過動畫功能顯示圖片，讓聽眾的注意力聚焦在你想強調的內容。設定成按下滑鼠左鍵放大內容的動畫效果，就能讓顧客快速了解你的訴求。

■製作簡報的重點（其4）

》內容應力求精簡

簡報絕對不能以瑣碎的文字資訊為主角，因為簡報充其量是補充說明的資料，所以絕對要力求簡潔。

假設文字的字數過多，就會變得難以閱讀，所以重點在於「簡潔」。換句話說，就是不要長篇大論，直接以「名詞」作為結尾即可。

比方說，可將「很簡單就能安裝完畢！」改寫成「安裝簡單」這種直接了當的標題。

》利用動畫效果讓聽眾將注意力放在「重點內容」

簡報注重易讀性，力求一頁的資訊量不要太多。然而常常會因為想要表達的事情很多，而在同一頁塞入大量資訊。如此一來，聽眾就不知道該注意哪個部分。此時最能派上用場的功能莫過於動畫功能。

只要使用動畫功能，就能夠依照說明的節奏，一步步展示想展示的內容，不

需要在一開始就展示出所有內容，還能讓聽眾專心聽說明。

建議大家在說明內容的時候，大膽地使用動畫效果，以及只在簡報的結尾處總結前面的資料。

》事先設定「跳過頁面」的按鈕，應付時間不足的狀況

如果還不習慣簡報，很難依照規劃的時間結束簡報，不是在前半段說得太過仔細，導致後半段時間不足，就是語速變得太快，以及說得不清不楚，這樣都很容易讓聽眾聽得一知半解。

如此一來，講者就會忘記「說服聽眾」這個目的，只記得要把準備的內容全部說完。

■製作簡報資料的重點（其5）

時間不足時，可跳過頁面，割捨次要的內容

植入「動作設定按鈕」的圖示，就能跳過頁面

有時候也會因為顧客突如其來的問題而無法在時間之內說完該說的內容，也有可能會因為前一個人的簡報拖太久，導致你的簡報時間被壓縮。

　　所以建議大家預先決定時間不足的時候，要跳到哪一頁的資料。

　　PowerPoint的投影片有跳到指定頁面的按鈕功能，建議大家在簡報頁面的角落或是較不起眼的位置植入這類按鈕。一旦遇到時間不足的情況，就能按下這個按鈕，跳過次要的內容。

　　在專心聽說明的聽眾面前一直翻頁，實在是件很丟臉的事，而且會讓聽眾失去專注力。如果覺得時間不夠，就勇敢地按下這個按鈕，也就能在神不知鬼不覺的情況下繼續簡報，同時讓簡報一樣具有說服力。

POINT

PowerPoint內建了許多很實用的功能，例如進一步指定顏色、縮放內容與跳到指定頁面的這類功能。

理科人製作資料時，會使用體系建構工具

》越是重要的資料，越要用心製作目錄

有些人在製作資料的時候，會走一步算一步，有些人則是會想好整體的架構，或是先製作目錄，再依序撰寫各項目的內容。

越是偏向理科的人，越擅長或是喜歡建立體系，所以通常會先想好整體的架構再開始製作資料。如果是用於說服顧客的重要資料，就必須設計簡潔有力的故事，所以也建議大家先想好整體的架構。

事先建立整體的架構之後，就能掌握全貌，能了解資料的份量，也就比較容易規劃比重。如此一來便能避免喜歡的項目太過冗長，以及不喜歡的項目太過簡單，整份資料的重心失衡。

掌握整體的架構之後，就不一定非得從頭開始製作資料，可以先從重要的項目著手，或是先從相對簡單的項目開始。

在此要為大家推薦的工具是「心智圖應用程式」。

心智圖是一種整理思緒的工具，最初是一邊將想到的詞彙寫在紙上，一邊將這些詞彙整理成體系圖，最近也能利用電腦或是智慧型手機做到這件事。

使用電腦或是智慧型手機的心智圖應用程式，不需要橡皮擦就能隨便調整詞彙的位置，所以這種方法也已經成為主流。

更棒的是，現在有許多免費版本的心智圖應用程式可以使用，所以當然要有效利用。

使用「心智圖應用程式」的時候，很像在一張超級大張的白紙貼上寫了各種想到的詞彙或項目的便利貼，這麼一來就能讓靈感更加具體。

我們很難分辨那些絞盡腦汁才想到的關鍵字會是大項目還是小項目，所以很難一開始就判斷出這些項目是否會自成體系。不過，如果使用「心智圖應用程式」就能節省麻煩，可以像是將寫著關鍵字的便利貼貼在紙上那樣，在螢幕上輸入關鍵字。

等到收集了一定數量的關鍵字，就可以替這些關鍵字排序或是調整位置，接著再於這些關鍵字之間配置引導線，建立類似樹狀圖的體系。

「心智圖應用程式」能讓我們流暢地提出各種創意或想法，又能幫助我們整理這些創意與想法。

》「心智圖應用程式」可直接於簡報使用

「心智圖應用程式」除了可用來製作簡報的目錄，還有其他的用途。

比方說，利用「心智圖應用程式」製作目錄之後，還可以繼續拆解各項目，標註「這裡要強調的是這個」或是「這裡要呈現這類資料」，用途可說是非常靈活多元。

「心智圖應用程式」的優點在於能快速製作體系工整的目錄，還能隨時修改與製作新的目錄，是開始製作資料的時候，能派上用場的工具。

有些人甚至會直接使用「心智圖應用程式」進行簡報。

「心智圖應用程式」的功能之一就是能隨時展開或收合樹狀圖。

開始簡報之後，可在樹狀圖完全收合的狀態下開始說明全部綱要，再隨著說明項目細節之時，再點開收合的樹狀圖。

這種一邊展開或收合樹狀圖，一邊讓聽眾知道「目前正在說明哪個部分」的方式，能讓簡報更有說服力。

■利用「心智圖應用程式」規劃簡報的目錄

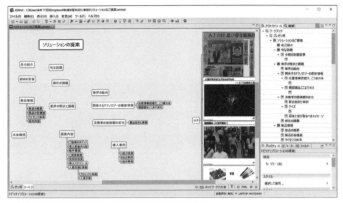

● 像是貼便利貼那樣，列出所有想到的項目

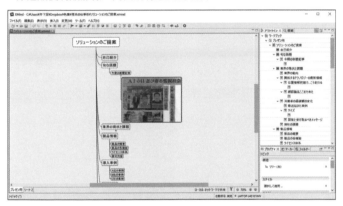

● 可以不斷地重新編排目錄
● 可貼入圖片、附檔以及進行各種加工
● 本書介紹的「心智圖應用程式」的圖片是 XMind 這套軟體的畫面。
　XMind的相關資訊請參考這裡→https://jp.xmind.net（日文網站）

　　雖然有些偏離主題，不過「Zooming Presentations」這套軟體也能做到一邊展開與收合樹狀圖，一邊進行簡報。

　　如果使用的是PowerPoint這套軟體，通常會依照投影片的順序製作資料，但這套「Zooming Presentations」卻能讓我們像是在一張超級大張的白紙製作大圖表的感覺。

此外，還能透過電腦特有的縮放功能，一邊縮放圖表，一邊說明。

最近PowerPoint也搭上這股風潮，內建了相同的功能。

「心智圖應用程式」可幫助我們
自由自在地整理思緒。

理科人製作資料時，會將重點放在「引起共鳴」上

》讓潛意識化為言語就能引起共鳴

在必須贏得比稿時，我們通常都會讓自家公司看起來很厲害，同時貶低競爭對手，但是顧客可沒那麼好騙。然而，即使我們知道顧客沒那麼好騙，卻還是會忍不住製作比較表，然後在我們佔優勢的項目標上○，以及在競爭對手那邊打×，硬是要顧客接受我們的見解。

話說回來，一味地吹捧競爭對手的優點，也沒辦法拿下勝利。該如何不著痕跡地宣傳自家公司的產品，總是令人苦惱。

我的建議是營造「不斷地引起共鳴」的場景，我覺得這是最能讓顧客接受的方法。

沒有人喜歡被強迫，也不太喜歡被引導，所以讓顧客覺得「是自己做出決定」這點非常重要。

話說回來，為了營造「不斷地引起共鳴」的場景而提出了一堆理所當然的內容，是無法真的引起共鳴的，顧客反而有可能看不起你，覺得你只會「說一堆理說當然的廢話」。

最高明的手法就是讓潛意識化為語言，換句話說，就是讓顧客注意到藏在內心深處的感受，如此一來才能引起顧客的共鳴，讓顧客直呼「對，對，就是這樣沒錯」。

我經營Facebook已經超過十年，最近我的貼文按讚人數也已超過1000

人。我不是什麼名人，很少介紹什麼聽起來很厲害的故事，也沒放什麼厲害的照片，通常都只在上面寫文章，而且都是長篇大論。

我試著分析這種長篇大論受到歡迎的原因之後，發現或許是因為這類文章替許多人化解了心中那股「濃得化不開的煩躁」，也引起了許多人的共鳴吧。

■透過「不斷引起共鳴」的手法讓顧客說 Yes

・明目張膽的比較表很扣分

- 讓顧客藏在內心的想法化為言語
- 讓顧客自行判斷，不要強迫顧客接受我們的見解
- 讓外顯的需求成為「選擇標準」

許多網友在底下留言「謝謝你幫我們說出內心話」。除了有很多人幫忙按讚，每篇貼文的留言通常都超過 100 則以上，分享的次數也都超過幾十次。

我的貼文既不會流於俗套，也不是突發奇想的內容，而是以說到心坎裡的方式引起大家的共鳴。重點在於讓大家直呼「對、對！我想說的就是這個」。

》等顧客說了10次Yes再提案

「不斷引起共鳴」這個手法也能於簡報應用。

比方說，我們有個非常創新的提案，但這個提案有可能讓對方覺得前衛時，若能先不斷地引起對方共鳴再提案，對方有可能會對這個過於天馬行空的提案產生完全不同的反應，而這就是人類共通的心理。

心理學中有一種說法，「讓對方說10次Yes再提案」。讓對方連說10次Yes，就能營造對方很難說No的氛圍，讓對方順著這股氣氛說「Yes」。

讓我們用這個方法，在顧客說了10次Yes之後，再試著放入「競品比較表」之中吧！

POINT

與其他公司比較之前，先引起顧客的共鳴，
取得心理的優勢。

理科人製作資料時，會將重點放在「篩選標準」上

≫成為顧客的顧問

我在創造連戰連勝的神話時，總是貫徹某項策略，那就是不斷地暗示自家的優點，同時全權交由對方判斷，不強迫對方接受我的說法。我覺得大家或許會對這種暗示的手法有興趣，所以打算為大家介紹。

我也常常為了強調自己公司的產品比較好，而急著想要比較產品，尤其當自家公司的產品具備優於競品的功能或是特徵時，更是忍不住想要比較，只是我會不著痕跡地進行比較。

當我很想直接透過競品比較表比較產品時，我都會先說明設定「篩選標準」的思維。

「選擇這項產品時，這個部分最重要，接著則是要注意這點，第三個重點是這個，價格如果落在這個範圍，那麼差異就不那麼明顯了」，我在競品比較表替每個製造商評分（標記○×）之前，都會先說明「篩選標準」與「項目」的正當性，搏得顧客的認同。

換言之，我們可以把自己當成顧客的顧問，告訴顧客該怎麼選擇產品才不會失敗。

≫比推薦自家產品更重要的是「篩選標準」

假設顧客準備買一台電腦。

「我覺得能繼續使用原有辦公軟體的作業系統比較好，所以最好購買

Windows 10能正常運作的電腦。記憶體最好加到16GB，硬碟的話，現在至少都要超過512GB才夠用。螢幕最好是14吋以上的，生產力才夠，如果要兼顧遠端工作這點，那就要思考方不方便攜帶這點，所以1.2kg以下的輕薄型筆記型電腦會是不錯的選擇。如果不想帶著滑鼠出門，還可以選擇搭載了小紅點這種用手指滑動滑鼠游標的機種。您覺得這種篩選標準如何呢？」

提出這類建議的同時，既不提及產品製造商與產品名稱，也不吹噓自家產品。唯一的目標就是引起顧客的共鳴。

上述的建議其實就是將顧客的潛在需求化為具體可見的數值。這樣的建議不會太過理所當然，也不會太過天馬行空，而是非常值得參考的資訊（這其實也是我自己選擇電腦時的標準）。

■「**競品比較表**」的範本

篩選標準	顧客需求	敝社	A社	B社	C社
製造商	無指定品牌				
OS	Windows10				
記憶體	16GB				
硬碟	512GB				
螢幕	14吋				
大小	筆記型電腦	反過來請顧客自行標註◎╳			
重量	低於1.2公斤				
鏡頭	內建				
滑鼠	小紅點				
預算	15萬日圓以下				
綜合評分					

帶出**篩選標準**，
讓顧客知道自己的**潛在需求**

≫先不要在競品比較表標註○×

如果成功地建立具體的篩選標準，也引起了顧客的共鳴，接下來總算可以列出競品比較表，但有時我會故意不在競品比較表標註○×。列出競品比較表，卻只在自家產品的格子畫○，讓競品的格子保持空白。

我因為工作的關係，曾有不少採購的經驗。有時候會在收到的資料裡面，看到一些競品功能比較表。由於大部分的業務員都不會直接寫出競爭公司的名稱，所以通常會寫成「M公司」「W公司」這類一看就知道是哪些公司的名稱，然後再於這些公司後面的格子標記○×。

當我收到這類資料，我通常不會參考其中的競品比較表，只會直接詢問競爭公司的意見。我也從這個過程學到競品比較表不要寫得太露骨才是上上之策的道理。

≫搏得信賴，爭取認同

這種不做結論，只說明「篩選標準」的方法有兩個含義。第一個是在推銷自家產品之前，先讓顧客知道我們行銷自己商品的思考邏輯，搏取顧客的信賴；另一個含義則是讓顧客覺得是自己「親自做決定的」。

而這種認同感就是我們贏過對手的主因。

只需要說明篩選標準就可以。讓顧客知道篩選標準，顧客自行調查與比較，最後做出選擇我們產品的決定，我們拿下訂單的機率就會大增。

**透過「篩選標準」引起共鳴，
拿下訂單的機率就會大增。**

理科人製作資料時，會方便顧客再次利用資料

》不斷地提醒自己「是為了誰製作資料」

本章的最後要告訴大家，在製作資料之際最重要的事情，那就是不斷地提醒自己「這份資料到底是為了誰製作」。

其實簡報資料有很多種，有的是一邊說明，一邊讓顧客了解內容的資料，有的是需要在幾秒之內清楚說明內容的資料。

相信本書的讀者一定都有需要說服的對象，也想知道該怎麼讓對方認同自己的提案。

到底該寫成條列式的內容才好？還是要寫得很客氣，很婉轉才對？配色應該花俏一點嗎？這些都會隨著資料的目的而改變，所以我們必須根據不同的目的製作資料。

》有必要的話，也一併準備數位版的簡報資料

如果要製作的是讓顧客知道相關資訊的資料，絕對不能將資料做成自吹自擂的內容。重點在於不要一味地炫耀自己的知識與能力，而是要考慮對方會如何使用資料。

簡報在報告完就結束了，但是隨附的資料卻不會在簡報結束之後消失，還有可能產生後續的效應。有時候，我們也會希望隨附的資料能夠在簡報結束之後持續產生影響力。

■資料最好能被顧客直接沿用

為誰製作的資料？

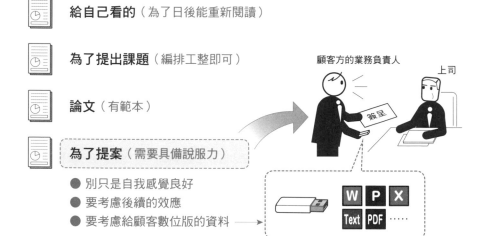

給自己看的（為了日後能重新閱讀）

為了提出課題（編排工整即可）

論文（有範本）

為了提案（需要具備說服力）

顧客方的業務負責人

上司

簽呈

● 別只是自我感覺良好
● 要考慮後續的效應
● 要考慮給顧客數位版的資料

W P X

Text PDF ……

比方說，你準備對客戶那邊的業務負責人進行簡報，或是準備將資料交給對方。由於客戶端的最終決策者是這位業務負責人的上司，所以這位業務負責人會在聽取簡報或是收到資料之後，重新製作相關的報告，再上呈給上司。

此時這位業務負責人當然不會將各製造商的資料當成附件直接交給上司，而是會先整理注意事項以及結論，另外製作一份資料再交給上司。

但其實，大多數的業務負責人還是希望能夠直接沿用各製造商的資料。如果只是重新打打字也就罷了，要重新製作表格與圖表可是非常麻煩的事。

有些業務負責人會把這些表格或圖表拍成照片或是掃描一遍，然後貼在交給上司的報告裡面，但這種做法會讓報告的品質一落千丈。

如果懂得體貼業務負責人的辛苦，可以在交給對方紙本資料的同時，連同數位資料一併交給對方，這麼一來，一定能給對方好印象。我知道可能有些資料

不方便讓對方再利用，所以不一定要把完整資料交給對方，不然就是轉換成PDF格式的檔案。

反過來說，希望對方沿用的資料則可以把原始的檔案交給對方，對方也一定會很開心。這些小小的貼心就像是拳擊的刺拳有效，也會影響簡報的勝負。

≫方便顧客再次使用資料

同理可證，撰寫資料的時候，思考對方的業務負責人會如何使用簡報資料也是一件非常重要的事情。

許多人在製作資料時，都忍不住強調自家產品的優點或是寫了一堆話術，在此要建議大家改掉這個壞習慣。如果我們能先為對方撰寫必要的項目，讓他能夠快速地完成要交給上司的報告，我們的產品被採用的機率也會增加。

比方說，投資效益、採用時程、人力規劃這些都是必要的項目，所以最好站在顧客的角度撰寫。此時的重點在於不要只寫與自家公司有關的內容，還要寫出讓顧客得以成功的必要項目，如果能夠稍微提到投資效益、採用時程與人力規劃這些重點，對方也一定會很開心。

此外，主詞的部分也要多加琢磨。如果是「敝社」「貴公司」「競爭公司Ａ」這類主詞，對方就無法直接沿用這部分的資料，所以就算是「競爭對手」，也要寫成「供應商Ａ」或是「合作廠商Ａ」這種保持立場中立的主詞，客戶端的業務負責人才能直接沿用資料。

資料與簡報不同，是可重複利用的內容，所以與其製作成搔動顧客內心的內容，不如製作成不需額外說明，顧客能夠一再使用的內容。

■方便顧客「複製與貼上」也很重要

事先幫顧客準備他也需要製作的資料

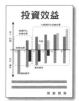
投資效益

採用時程

人力規劃

．．．．

✕ 不要只強調自家公司的部分

⭕ 要以顧客的立場描繪專案的全貌

使用適當的名稱，方便顧客直接沿用

從顧客的角度將主詞換成「供應商Ａ」「合作廠商Ａ」這種稱呼

	自家產品	競品Ａ	競品Ｂ
項目	比較內容	比較內容	比較內容
項目	比較內容	比較內容	比較內容
項目	比較內容	比較內容	比較內容
項目	比較內容	比較內容	比較內容
項目	比較內容	比較內容	比較內容
項目	比較內容	比較內容	比較內容
項目	比較內容	比較內容	比較內容
項目	比較內容	比較內容	比較內容

✕ 略帶攻擊性

⭕ 不需額外說明

⭕ 可一再重複使用

POINT

簡報資料要做成方便顧客複製與貼上的內容。

第 **4** 章

比稿300次無敗績！

理科人的
資料製作術

「各論篇」

理科人會在
分析資料的時候，
見樹又見林

≫資料分析是佐證主張最強的武器

在所有資料之中，最具說服力的部分莫過於「資料分析」的結果，也就是被視為證據的部分。在進行簡報或是演講時，要讓自己的主張更有說服力，就必須進行資料分析。這也是理科人最用心的一部分。

不過，所謂的用心，不是像寫論文那樣，寫成「起承轉合的架構」。如果閱讀這份資料的人是決定是否採用軟體的關鍵人物，通常都會很忙碌。這些關鍵人物通常都希望能迅速做出決定，所以結論不夠清楚的資料，他們通常連看都不看一眼。

前一章也提過，先寫出結論，再將拆成細項，以及附上補充說明，也是一種替對方多想一步的資料分析手法。

≫可信度是資訊最重要的部分

隨著網路普及，我們可隨時收集到大量的資訊，這也導致資訊過於濫氾，難以判斷何者正確，也同時意味著，資訊太少或太多都不好。

在這個時代裡，閱聽大眾具備「資訊識讀能力」這點已越來越重要。讓閱聽大眾更方便閱讀，也是內容生產者需要注意的重點，越是替閱聽大眾著想，自己的主張或是提案才越容易被接受。

首先最該重視的部分就是資料本身的可信度。

在列出資料時，必須記載資料來源（資料的出處）。「這份資料的提供者是

誰？」也是判斷資料是否可信的一大標準。

要注意的是，就算是同一份資訊，也會因為聚焦的位置不同，導致結果或主張被扭曲。

我們偶爾會在網路新聞看到一些名人的發言被斷章取義，因而導致這些名人被撻伐的例子，而這種斷章取義的手法也已經成為一大問題。

就算我們不想犯錯，但只要我們沒有正確判斷資料的能力，就很有可能做出錯誤的判斷。

》同時擁有微觀與宏觀的分析思維

假設有一位流行服飾的製造商想透過統計分析的手法，找出哪些尺寸的衣服銷路比較好。他從一些母體樣本算出銷路平均值之後，得到「6號尺寸」這個結果。

資料沒有問題，也很客觀。但是，他沒有進一步分析這個結果，就生產了一大堆「6號尺寸」的衣服之後，發現完全賣不出去。

其實只要仔細調查就會發現，之所以會得出「6號尺寸」這個結果，是因為購買「4號尺寸」與「8號尺寸」的人非常多，所以兩相平均之下，才得到上述的結果。

由此可知，在分析資料的時候不能只看結果，還必須微觀、進一步分析細節。若以這個例子來說，就是不能只看「平均值」，還必須觀察整體數據分布情況。

另外，依狀況而定，可能還需要宏觀全局。

在算出「平均值」以及微觀整體數據分布情況之後，或許會覺得應該增加「6號尺寸」的產量，然而擴大調查範圍之後，就會發現其實偏差值的「10號尺寸」也有很多人購買（參考下一頁的右側圖表）。

■幫助我們正確解讀數據的「微觀」與「宏觀」的手法

（圖表已經過簡化）

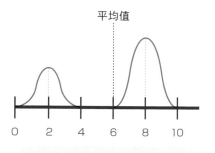

可是進一步調查之後

應該先觀察整體分佈情況才對

「微觀」的必要性

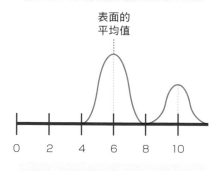

可是放大調查範圍之後

應該連同「偏差值」也納入考慮

「宏觀」的必要性

　　順帶一提，身高183公分的我，很難找到合身的衣服，所以只要找到合身的衣服就毫不猶豫地購買，一直以來，我都是如此選擇衣服的。

　　流行服飾製造商應該都會取得日本人標準體型的母體樣本，以及觀察這些樣本的分布情況，再決定生產哪些尺寸的衣服，但這麼一來，就有可能忽略超大尺碼的需求。

　　近年來，日本人的體格也越來越好，「SAKAZEN」這類大尺碼服飾專賣連鎖店應該也是透過這種放大觀點的方式分析資料，才得以在首都圈站穩腳步。

　　由此可知，資料固然是非常重要的證據，也是贏得勝利所不可或缺的「武器」，但我們也必須在閱讀資料的方法多些用心與注意。

≫不要只呈現自己想強調的細節，還要呈現全貌

　　這點在撰寫提案資料的時候，也是非常重要的戰略。除了列出佐證自己論點的數值，同時還要列出其他相關數值，因為這麼一來，就能避免競爭對手「擅自利用其他資料模糊焦點」。

　　參加比稿的公司都會拼命宣傳自家公司的優點，也會拿著產品的優點告訴顧客「我們的產品最好！」藉此說服顧客。

　　與其依樣畫葫蘆，宣傳「我們的產品最好」，還不如客觀冷靜地告訴顧客「我們的產品在這方面雖然只是第二名，但綜合來看，我們的分數還是最高的」或是「敝社產品的特徵在於沒有差評，也得到了足以與第一名的公司媲美的評價」，才能搏得顧客的信賴。

> **資料分析的結果是佐證自己論點的最強武器。**

理科人會利用「四個觀點」提升資料分析的品質

》透過資料分析提升說服力的「四個觀點」

今後在製作資料的時候，應該會越來越需要分析資料，此時大家一定要問問自己，在分析資料的時候，是否具備下列這「四個觀點」。

這四個觀點是提升資料分析品質的重點。

由於透過這四個觀點收集與分析資料的人還不多，所以更有機會取得優勢。

①網羅性

一如前面介紹縮放觀點的重要性所提及的，我們可以先確認自己有沒有任何疏漏。重點在於先找出所有的可能性，再問問自己是否已經看清全貌，或是問問自己是不是太過偏頗。

②公平性（中立性）

公平也是非常重要的觀點，因為資料可隨時照著自己的需求另作解釋。一旦對方覺得你扭曲了資料的意思，就會立刻產生排斥感。

讓對方覺得你在收集資料的時候很冷靜、客觀與中立是非常重要的。

③可信度

也要注意資料的準確性與正確性。就算收集了一大堆資料，只要這些資料都是捏造的，或是隨便拼湊的，就是不能使用的資料。

■提升資料分析品質的「四個觀點」

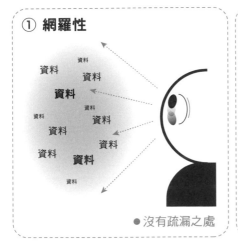

① 網羅性

- 沒有疏漏之處

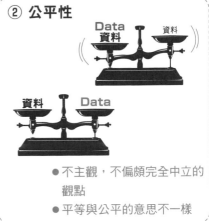

② 公平性

- 不主觀，不偏頗完全中立的觀點
- 平等與公平的意思不一樣

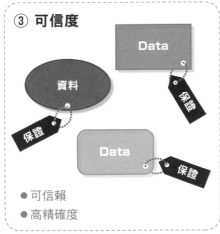

③ 可信度

- 可信賴
- 高精確度

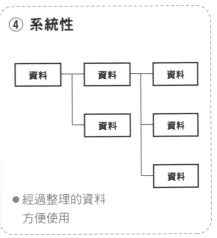

④ 系統性

- 經過整理的資料方便使用

大家可曾聽過「False negative」（偽陰性）或「False positive」（偽陽性）這類名詞？我在擔任網路安全公司的CIO之際，常常會使用這類詞彙。最近的話，則是因為疫情的關係，有許多人聽過這類詞彙。

以網路安全為例，被判斷為安全的資料若是挾雜了病毒，這種沒能抓出病毒的情況就會形容成「False negative」。反之，覺得資料有問題，但其實沒問題

的情況，就會形容成「False positive」。

要增加資料的可信度是件非常困難的事，所以努力提升資料的可信度，能讓對方更放心，更願意相信你。

④系統性（重複利用、應用性）

收集了具備網羅性、公平性與可信度的資料之後，接下來的重點就是確認這些資料是否系統性的整理。假設資料已經整理得井然有序，代表負責分析資料的當事人非常了解資料，而且閱讀這些資料的人也能夠直接沿用這些資料。

比起直接將未經過整理的資料丟給對方閱讀，經過整理的資料當然比較容易理解。

上述就是資料分析所需的「四個觀點」。要貫徹這四個觀點可能很麻煩，但只要注意這些重點，就能領先對手一大步。希望大家都能不怕麻煩，不斷地進行「合理的努力」。

「網羅性」「公平性」「可信度」「系統性」
缺一不可。

理科人製作商品或服務的資料時，會將重點放在簡潔有力

》資料的最後一擊就是「質化」的效果

在製作推銷自家商品或服務的資料時，往往會不自覺地寫了一堆功能或是與其他產品的比較。最常見的就是列出其他顧客使用自家產品的範例，或是列出金額，營造採用自家產品多麼划算的印象。

這些雖然都是必列的項目，但令人感到不可思議的是，就算強調這些項目，還是無法真的拿下訂單。總讓人覺得似乎缺少了最後一擊。

進一步分析藏在箇中的深層心態就會發現，之所以會讓人覺得缺少最後一擊，原因在於數字雖然可以創造「量化」的效果，但無法以數字營造的「質化」效果，才能真的感動別人。我們都是透過這種「質化」的效果感受「夢想」的。

話說回來，「質化」或是「夢想」可不能太過抽象，也必須重視所謂的具體性。那麼該具有哪些具體性呢？我認為有五個。

在此為大家介紹這五個具體性之中的「實用性」與「簡潔性」。

》實用性與簡潔性

①「實用性」

就算自家產品的功能非常豐富，而且也比其他公司的產品更加優秀，只要顧客不打算使用，這些功能就毫無意義可言。此外，就算顧客打算使用這些方便的功能，如果沒能活用這些功能，也一樣毫無意義。

在IT的世界很常看到顧客明明採用了非常棒的新軟體，卻不知道自己是不是該放棄熟悉的軟體，最後便放棄使用新軟體的例子。這就是「空藏美玉」，也可以形容成「徒具其形，不具其魂」。

也有才用沒多久，就一直遇到問題，或是不知道該怎麼使用而不斷客訴，導致產品或服務難以普及的例子。

「實用性」的重點在於能否讓顧客實際使用。在說明產品或服務的功能與特徵之際，可試著助顧客一臂之力，讓顧客覺得產品在實用性方面沒有問題。

② **「簡潔性」（即效性）**

這是「Simple is Best」的概念。IT類的產品或服務往往具有這類色彩。

其實在不久之前，家電產品也有類似的概念。在早期，若是不仔細閱讀操作手冊，就無法使用家電產品。近年來，不需要操作手冊也能直接使用的家電產品已成為主流，反過來說，那些非得閱讀操作手冊才能使用的家電產品已經變得很難賣。

智慧型手機也是典型之一。乍看之下，功能豐富的智慧型手機似乎需要閱讀一大本操作手冊才能夠使用，但是智慧型手機卻提供了當場購買，當場就能學會操作方式的「便捷性」。

我知道如果不仔細閱讀操作手冊，的確會有很多功能不會用，但真正的重點在於智慧型手機設計成不需要閱讀操作手冊，也能立刻學會基本操作這點。

「簡潔性」非常重要，但我卻很少看到以產品的「簡潔性」為訴求的資料。這是非常重要的訴求，請大家務必寫在資料裡面。

同樣的，即效性也非常重要，因為能讓顧客立刻體驗產品的效果。雖然這是很難透過言語形容的優點，卻也是讓簡報更具說服力的關鍵。

■該於商品或服務的資料中記載的重點（其1）

該訴求的重點

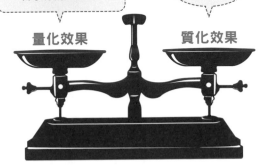

・豐富的功能
・與其他公司的比較
・顧客採用範例
・合乎行情的價格

讓人看見
夢想的內容

量化效果　　　　質化效果

・**實用性**
・**簡潔性（＝即效性）**
・社會性（＝公益性）
・未來性（＝永續性、發展性）
・娛樂性（＝話題性）

實用性	簡潔性（＝即效性）
●不被束之高閣，覺得好用	●沒有操作手冊也能學會基本操作
●能毫無障礙地簡單開始	●立刻就能看到效果

簡單、立刻見效是最強的武器。

理科人製作商品或服務的資料時，會重視「社會公益性」

》工作的本質就是滿足社會的需求

③社會性（＝公益性）

這是之前完全沒有提到的觀點，所以有些讀者可能不太能夠認同，不過就工作的本質來看，這其實是再理所當然不過的事。所謂的工作就是社會需求的表徵，也是一種機制，但在不知不覺之中，工作的目的不再是滿足社會的需求，而是只著眼於「賺不賺錢」這件事。

只要稍微觀察一下股市或是投資市場，應該就會發現這個現象。基本上，這類市場就是低買高賣，從中獲利的機制。當「賺不賺錢」這件事成為主要目的，就會死盯著急速變動的股價，只需要以秒為單位持續低買高賣，就能賺錢獲利。

拜科技之賜，現在真的能用科技以秒為單位進行買賣，同時，不懂科技的外行人也很難透過股票賺錢。

不過，股票或是投資的本質是幫助對社會有所貢獻的企業成長。所以重點不在於炒短線，而是長期投資，然後從中得到報酬，也就是利益。

這聽起來很像是場面話，但現今大環境，以這種觀點投資的公司正逐漸開始成長，我們正邁入一個不錯的時代。

不管是我們隸屬的企業或是我們本身，都會因為具有社會貢獻或是公益性而獲得信賴，以及受到重視。

在說明商品或服務的資料加註這些內容也已成為非常重要的一環境。

■該於商品或服務的資料中記載的重點（其2）

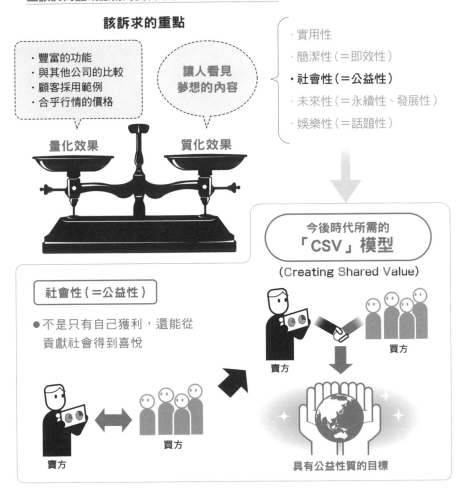

該訴求的重點

·實用性
·簡潔性（＝即效性）
· **社會性（＝公益性）**
·未來性（＝永續性、發展性）
·娛樂性（＝話題性）

·豐富的功能
·與其他公司的比較
·顧客採用範例
·合乎行情的價格

讓人看見
夢想的內容

量化效果　　　　質化效果

今後時代所需的
「CSV」模型
(Creating Shared Value)

社會性（＝公益性）

●不是只有自己獲利，還能從
貢獻社會得到喜悅

賣方　　　買方

賣方　　　買方

具有公益性質的目標

　　雖然現在尚未普及，但目前有一個漸漸受到各界注目的商業模型。這個商業模型稱為「CSV」，而CSV是Creating Shared Value的縮寫，中文譯為「創造共享價值」。

　　到目前為止，有許多企業將部分利潤投資在具有社會性、公益性的活動，但這種方法無法擺脫業績不佳，利潤減少，不得不減少投資金額的宿命，換言

之，這種方法無法長期維持下去。

　　儘管CSV商業模型也是具有社會性的活動，但與傳統的商業模型卻有明顯的出入，換言之，CSV商業模型是一種企業與顧客一同參與對社會有所貢獻的活動，業績也會跟著呈正比增加的機制。

》將提案內容轉換成CSV商業模型的提示

　　接下來要介紹的是，如何讓商品或服務轉換成CSV商業模型的訣竅。

　　要賦予提案社會性或公益性的方法共有六種，分別是「捐款附加型」「材料社會貢獻型（減碳）」「創造就業機會型」「產生能量型」「健康促進型」「教育推廣型」。

　　其中最簡單的方法就是「捐款附加型」，也就是將業績的一部分捐出去的方式。不過，若是捐款捐得太刻意的話，有時會被認為是一種偽善，所以可捐給與提案內容性質相近的社會團體。

　　如果不方便捐款的話，則可以試著透過其餘的五種方法賦予提案社會性或公益性。只需要稍微改寫一下提案內容，其實就能讓整個提案轉換成CSV商業模式。

　　社會性與公益性將越來越重要，但大部分的企業或個人卻還沒真的著手開始，所以如果能夠懂得重視社會性與公益性，肯定能與其他企業做出明顯差異。而在為顧客提供商品或服務時，這部分也很值得我們重視。

**是否具備公益性質將是與競爭對手
做出差異的關鍵。**

理科人製作商品或服務的資料時，會重視未來性與話題性

≫利用夢想、安心感、玩心打動人心

④「未來性」（＝永續性、發展性）

描繪商品或服務的未來也是非常重要的一環。社會將會變得越來越方便，商品或服務的折舊循環也會越來越快。明明好不容易買了喜歡的產品，卻因為沒有零件可以修理而不得不改買其他產品的例子也越來越多。

不過，也有阻止這種「產品短命化」的活動。近年來「SDGs」這個透過永續發展讓世界變得更美好的國際活動越來越受到關注。開頭的「S」是Sustainable，也就是「可持續的」意思。

商品或是服務也必須具備這種「概念」。若從「SDGs」的角度來看，我們必須宣傳自家的商品與服務不是曇花一現的煙火，而是能長期使用的東西。

此外，也有顧客很重視這種商品或服務的遠景，能不能讓顧客對於商品或服務的未來產生共鳴，將是這類顧客決定購買產品或服務的關鍵。

換言之，我們在製作說明商品或服務的資料時，不能忘記替商品或服務描繪令人雀躍的夢想，以及清晰可見的未來。

具體來說，就是要先調查顧客的遠景，可以的話，最好能取得該企業的中程經營企劃書，如果我們的提案能與對方的理想完全重疊，或是能夠幫助對方完成這個理想，那麼我們的提案資料肯定會變得更有魅力。

■該於商品或服務的資料中記載的重點（其3）

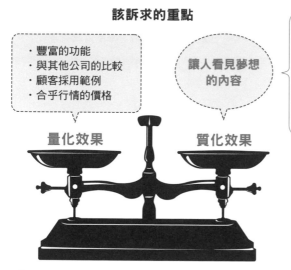

該訴求的重點

· 豐富的功能
· 與其他公司的比較
· 顧客採用範例
· 合乎行情的價格

讓人看見夢想
的內容

· 實用性
· 簡潔性（＝即效性）
· 社會性（＝公益性）
· 未來性（＝永續性、發展性）
· 娛樂性（＝話題性）

量化效果　　　　　質化效果

未來性（＝永續性、發展性）

● 可長期使用的安心感
● 讓顧客擁有就算現在不完備，只要先擁有之後會很方便的、有願景的事物

娛樂性（＝話題性）

● 透過巧妙的話術或故事引起共鳴，讓人想要聲援
● 具有話題性，讓採用的顧客覺得自己有優越感

⑤娛樂性（＝話題性）

會覺得這點很意外的人應該不少，因為在選擇商品或服務的時候，通常會覺得「娛樂性」是多餘的。

其實所謂的玩心是非常重要的。不管買了多麼優秀的商品或是好用的軟體，只要沒人使用，最終都逃不過束之高閣的命運。儘管這種情況很常發生，卻很難阻止。之所以會如此，與產品或服務讓人覺得不容易親近有關。

之所以會讓人覺得不容易親近，在於產品或服務是否具備「娛樂性」，不過

我們也不需要真的將產品或服務打造成玩具或電動。只需要讓產品或服務變得有趣、療癒，或是賦予產品或服務有趣的故事即可。如此一來，就能夠讓看似門檻很高的商品或服務瞬間變得很容易親近。

　　如果產品或服務具有娛樂性，就有機會成為在社群媒體之間傳播的話題。企業為了宣傳產品或服務，往往需要投入大筆的行銷費用，但是當產品或服務本身就是話題，就會透過口碑相傳的方式不斷傳播，這也是非常有效率的行銷方式之一。

　　曾經非常流行的「遊戲化」手法也是其中一例，也就是為了提升商品或服務的使用頻率，而追加了具有遊戲性質的功能。比方說，越使用就能累積越多點數，然後得到獎品的機制就是例子之一。

　　第1章的「合理的努力⑦」（參考43頁）也提過，除了提供企業好處，也要提供讓業務負責人雀躍的好處。就算不是顧客需要的功能，只要對方的窗口或是相關人士覺得好用，就可以偷偷將這類功能放在產品或服務之中。

　　娛樂性與話題性是能直擊顧客潛意識，讓顧客愛上產品或服務的重要因素，所以請務必在說明商品或服務的資料之中，放入具有娛樂性或話題性的內容。

利用更深遠的好處撼動顧客的心弦。

第 5 章

比稿 300 次無敗績！
理科人的
說話與
傾聽方式

理科人就算多走幾步路，也會向所有員工說早安

》再沒有比問候更合理的人際關係潤滑油

大家每天早上都說幾次早安呢？

人類有所謂的「一致性」的心理，所以若是在早上露出一臉笑容，送出「我們的關係很不錯喲！」的訊息，就很難在下午的時候與對方「交惡」，因為我們會不自覺地避免上午與下午的行動互相矛盾。所以就邏輯來看，說早安是非常有效的溝通方式。

請大家回想一下，每天早上到了辦公室之後，都與多少人微笑以及說早安呢？還是說，每天都是以最短的路徑走到自己的座位，默默地開始工作呢？從辦公室入口沿著最短路徑走到自己的座位時，會與擦身而過的人打招呼嗎？還是說，你只是制式化的打招呼呢？

我知道，要主動與很多人打招呼是需要一點勇氣的，但大家不用害怕，因為一下子就會習慣。帶著滿臉的笑容以及爽朗的聲音與別人打招呼，不只能讓周圍瞬間變得明亮，還能讓自己的心情變得更開朗，提升自己的產值。

習慣打招呼之後，下次上班時，不妨從距離自己座位最遠的辦公室入口進入辦公室。如此一來，就能與所有同事打招呼。就算你的座位在辦公室的正中央，也可以藉著倒茶的機會，去所有人的座位打招呼。

這麼做的確比沿著最短路徑走到座位還浪費時間，如果辦公室很大的話，說不定得多花幾分鐘的時間，但是效果卻遠比想像來得明顯。

不善言詞的我在以上市公司的執行董事身分進入新公司服務時，也曾實踐這

個方法。這麼做能讓同事立刻記得你之外，光是一句「早安」就能與別人產生互動，也能省掉不必要的客套話，還能讓對方覺得你很客氣，所以實在沒有不說早安的道理。

　　說早安除了能讓別人因為你的笑容而開心，還能讓自己變成落落大方、自信滿滿的人，所以大家不妨將「說早安」這件事當成每天早上的例行公事吧。

■利用說早安提升產值

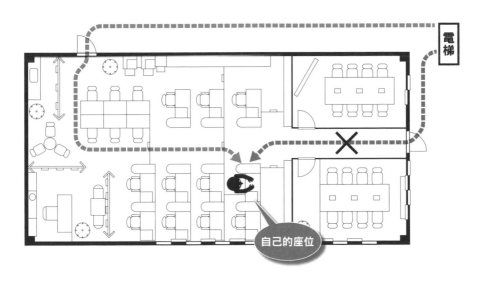

故意從離座位較遠的入口進入辦公室，與所有同事打招呼♪

早上花幾分鐘與同事打招呼，
可讓一整天的相處都融洽。

理科人在電子郵件上會比實際面對面交談更侃侃而談

》越是不善言詞的人，越要將電子郵件當作武器使用

對不善言詞的理科人來說，電子郵件可說是一大利器。

面對面說話的時候，是不是偶爾會說錯話或是詞不達意，後悔自己「早知道那樣說就好了」呢？若是寫信的話，就能在寄出之前先檢查內容，所以也比較放心。

雖然寫信不像打電話，能夠立刻聯絡到對方，卻能在對方不在的時候，告訴對方你有什麼事情要聯絡，也不會在對方很忙的時候打擾對方，還能留下紀錄，免去「有通知」「沒通知」這種誤會，後續也能重新閱讀一次內容，所以電子郵件真的是很方便的工具。

此外，就算是不善言詞的人，也能透過電子郵件侃侃而談。

這一節要介紹幾種透過電子郵件建立良好溝通管道的方法，這些方法都是我的實戰經驗，與其他書籍或是網路上介紹的方法不太一樣。

》用心設計電子郵件的標題

工作越是忙碌的人，電子郵件越多，有些人甚至一天可以收到100〜1000封的電子郵件，所以我們可以根據這類狀況找出撰寫電子郵件的方法，讓收件人覺得你是個體貼的人。

大家都知道，電子郵件最重要的部分就是標題，而且是越短越好。比起寫一堆問候語，我們更該把電子郵件的標題寫得簡潔明瞭。

　　由於許多人都會收到很多垃圾郵件，所以我們必須知道很多人都是透過電子郵件的標題決定是否刪除郵件。

　　如果是開會的聯絡信件，就該將標題寫成「xx/xx@場所，關於○○的會議」這種只寫了關鍵資訊的標題。

　　因為對方在讀完信之後，就能直接將信件放進「To Do List」的資料夾，身為寄信人的我們也很方便管理這些郵件，更重要的是，這種體貼對方的行為是最基本的溝通技巧。

　　有些電子郵件軟體會在信件往返的過程之中，不斷地追加「Re：Re：Re：」這種符號，建議大家花點時間，把「Re：」刪到只剩下一個。這種在細節上的體貼也很爭取不少印象分數。

　　此外，如果是沒那麼重要的郵件，可在標題的開頭加上「F.Y.I」（for your information的縮寫），讓對方知道很忙的話，忽略這封信也沒關係。

　　如果只是要跟對方說「知道了」或是道謝的話。可在信件的標題開頭寫上「了解（無內文）Re：…」或是「Thanx.（無內文）Re：…」，讓對方不需要抽空閱讀多餘的內文。

　　要如此體貼別人是需要勇氣的。不過，這些體貼能讓那些有能力又很忙的人縮短處理電子郵件的時間，而且光是標題就足以表達謝意，標註「無內文」的體貼也是一大重點。

　　在此要請大家注意的是，在寫信的時候，往往會不自覺地追加收件人。對於那些收到轉傳信件的人來說，在標題加上「無內文」，可讓他們放心忽略這封信，也能幫助他們大幅提升工作效率。

　　另一項重點就是在信件標題的部分輸入「了解（無內文）Re：……」之後，一樣要慎重地撰寫內文的部分，比方說，寫成「○○先生／小姐您好，感謝您一直以來的照顧。您於開頭所寫的事項均已了解。改天再登門拜訪。」這類內

文。幫助對方節省時間是我們的體貼，但我們可不能因此就疏於禮節。讓我們時時提醒自己「以對方為重」吧。

就體貼對方這點而言，溫馨提醒的郵件也很重要。

如果與顧客約好在兩週以後的某一天登門拜訪或是開會，就要在前一天或前前一天寄一封溫馨提醒的郵件，並在郵件標題寫下「Reminder Re：……」與顧客再次確認時間。

若能如此撰寫郵件的標題，不僅能提升產值，還能讓對方覺得你很體貼。這種適時的體貼算是一種商業頭腦，也能為自己爭取不少印象分數。

■為對方著想的「郵件標題」撰寫方法

》將收件人是自己的「To Do 郵件」以副本的方式寄給同事

進入社會之後，每個人都會學到「報告、聯絡與商量」的重要性。除了對象是上司之外，當然也能透過「報告、聯絡與商量」這三個步驟，與工作相關的人分享自己的狀況。

不過，只要是人類，就一定有惰性。

如果「報告、聯絡與商量」淪為形式，就會讓人覺得有負擔，也就無法持續下去。如果上司有所回應也就罷了，但上司每天都會收到一大堆「報告、聯絡與商量」的信件，所以沒辦法每封信都回信。

因此讓我們換個角度思考，也就是為自己做一些類似「報告、聯絡與商量」的事情。接下來為大家介紹具體的做法。

每天早上寫一封「今日待辦事項」的信件，然後寄給自己。接著每天晚上報告「哪些待辦事項完成了」。要做的事情就只有這樣。

如果多寫了不必要的感謝或是過於在意內文的格式，就會覺得很有負擔，所以簡單地寫成條列式的內容即可。

接著將這封信以副本的方式轉寄給上司或是同事。記得事前先跟上司或同事說這件事，也要記得跟他們說，不需要回信與閱讀這封信。

養成這個習慣之後，你的產值就會大幅提升。更重要的是，你會努力完成自己宣布的待辦事項，讓自己看起來更加專業。

雖然這是為了自己設計的習慣，卻也能產生額外的效果。收到副本的上司或是同事雖然不需要閱讀這封信，卻能知道你一整天的行程與工作內容，所以能與你建立良好的互動。

如此一來，你也能搏得大家的信賴。

> **花點工夫學習寫信的技巧，
> 就能建立良好的溝通管道。**

理科人可在不使用任何否定字眼的前提下，巧妙地拒絕別人

≫成為拒絕別人也不會被討厭的人

那些覺得自己不善溝通的人，通常都有一種煩惱，那就是不知道該如何巧妙地回絕別人的請求。

看到那些長袖善舞的人輕鬆地拒絕別人，又不會被別人討厭的樣子，真的很令人羨慕、想要效法這種高超的社交手腕。

所以接下來我要介紹幾招「不善言詞的人也能巧妙地拒絕別人」的方法。只要學會這些方法，就能營造雙贏的關係。

≫第一步是不要立刻回答對方

人要是心軟，就會想要當場回應對方，所以建議大家先忍住，然後告訴對方「讓我確認一下後續的行程」。如果對方是那種會到處拜託別人的人，在你確認的時候，就很可能會跑去拜託別人，你也樂得輕鬆。其實這樣的例子也比我們想像中來得多。

有些人是為了偷懶而想將別人拜託他的工作拋給別人。如果這樣的人跑來找你幫忙，不妨先使出緩兵之計，之後再透過電子郵件拒絕他，你的心情也會比較輕鬆一點。

另一招值得推薦的緩兵之計就是先準備寫著「外出中」的郵件草稿，讓對方以為是自動回信功能回的信。此時對方有可能會放棄拜託你，另外尋求別人協助。就算對方沒去找別人，你至少會有時間找藉口拒絕（笑）。

》告訴對方自己處理的事情優先順序

突然跑來請你幫忙的人，通常不知道你有多忙。如果對方是上司的話，與其直接了當地拒絕，不妨問問對方「現在我手上還有◎◎、○○與△△的工作，哪一個往後挪比較好呢？」

這是因為當對方了解你有多忙，有可能就會自行退下。尤其當上司已經把很多工作交給你，有可能就會叫你把手頭上的某項工作交給別人。假設你手頭上的工作都很重要，也能讓上司知道他已經給了部下很沉重的工作了。

》提出替代方案或是介紹別人

如果實在很難拒絕，也可以試著提出替代方案。也就是說，不直接拒絕對方，只交由對方判斷可行性，最後成功拒絕對方的方法。

替代方案可以是緩兵之計，或是與對方提出的方法不同的方案。

以前者為例，你可以告訴對方「我這週很忙，下週的話，我應該可以幫忙，這樣來得及嗎？」假裝自己願意幫忙，只是因為沒辦法配合對方的時程，讓對方知難而退。

後者則是「如果可以這麼做的話，那我可以幫忙，不過，這樣也可以嗎？」也就是表面告訴對方，用我的方法的話，我就願意幫忙。此時若是不符合對方的期待，對方應該就會自行撤退。

有時候即使我們提出替代方案，對方還是會說「這樣也沒問題」，但至少我們把事情縮小到我們做得到的範圍，也讓對方知道我們願意幫忙的態度。

如果實在找不到什麼替代方案，可以試著介紹別人。比方說，你可以跟對方說「找○○幫忙的話，比找我更快解決問題喲」，此時當然要先取得代打的人的同意。

≫使用肯定句拒絕對方

這是非常高階的拒絕技巧。「了解了，那我就做到這個部分」，這是一邊答應，一邊停損，一邊暗地裡拒絕對方的方法。

比方說，上司準備將工作交辦給團隊成員時，你可以先說「那這天與那天的部分由我負責」或是「這些顧客跟我很熟，所以讓我負責這些顧客」，避免所有的工作都堆到你的手上。

≫不要開頭就拒絕

雖然前面介紹了四種拒絕的技巧，但不管是哪一招，重點都是不要劈頭就拒絕對方。

其實除了拒絕對方之外，不管遇到什麼情況，都應該避免使用否定句拒絕對方。只要長期觀察那些擅長溝通的人，就會發現他們總是積極地挑戰事物，積極地拒絕麻煩。

所以在這裡要建議一個方法。請大家在一週之內練習不使用「但是」「可是」「不要」這類否定的字眼。

開始練習之後，有可能一個小時都撐不過去，也會知道不說這些否定字眼的生活有多麼困難，但這種練習的效果卻很顯著。

或許一開始會很辛苦，但這麼一來，你就會知道該怎麼透過肯定的字眼拒絕那些不請自來的請託。只使用肯定的字眼還有額外的效果。那就是能創造自我暗示的效果，讓自己變得更積極，更有行動力，人際關係也會因此變得更好。

■只使用「肯定的字眼」會得到什麼效果？

不使用否字的字眼拒絕對方的方法

① **避免立刻回答**
   如果是誰都能解決的問題，對方有可能會找別人幫忙

② **告訴對方他的請求可能會排在後面解決**
   如果不是太重要的請託，對方有可能就會找別人幫忙

③ **提出替代方案或是介紹別人**
   讓對方知道你能幫到什麼地步，讓對方知難而退

④ **使用肯定的字眼拒絕**
   縮小幫忙的範圍，間接回絕主要的部分

特訓 一週之內不要使用否定的字眼

- 練習以肯定句拒絕別人
- 透過自我暗示讓自己變得更樂觀
- 變得更有行動力
- 打造良好的人際關係

POINT

**有方法可以在不否定對方的情況下拒絕對方。
使用肯定句拒絕對方，也能讓自己變得更加積極。**

理科人被別人否定也會正面回應

≫被對方否定也不動搖的方法

提案或是交涉的時候，偶爾會遇到對方反對的情況。越是想透過說理的方式贏得交涉的人，越容易在遇到對方反對的時候展開反擊。

這些人的第一句話通常都是「呃，不是這樣的」或是「可是，如果是那樣的話」，都是否定對方，想把對方拖入屬於自己的戰局之中。就算是知道不能立刻否定對方這個道理的人，只要仔細觀察自己的發言，就會發現自己最常講的第一句話常常也是「不對」或「可是」。

一如前一節所述，讓我們禁止自己使用這些否定的字眼吧。一旦我們引起對立，就更難讓對方說「Yes」。

我的建議是，以「Yes, but……」的美式作風應對，先接受對方的意見。

「我明白您的意思……」或是「原來如此，的確也有這樣的解釋耶。如果進一步來想，其實這個解釋就是……」先以這種方式讓對方知道，你願意接受他的意見，然後再接著表達自己的想法，這才是上上之策。

如果想要更高明地進行交涉，可試著將對方的反對意見轉換成正面的意見，然後以問題的方式呈現。如此一來，交涉就會變得非常順利。

「所以您的意思是，只要以○○的方式進行就 OK 了嗎？」

「換句話說，只要符合○○的條件，您就贊成我的意見了嗎？」

這就是一種提出符合最終結論的條件，模糊焦點的技巧。

比方說，只要從事業務工作，就一定會遇到被顧客拒絕的情況。大部分的業

務員都會在這時候說「呃，不是這樣的……」但這樣只會讓顧客更加反彈。如果顧客對我們說「這種東西很快就會壞掉，而且我們也不需要」的話，比起「那有這回事，我們的產品很耐用，而且買了也不會有什麼損失！」還不如跟顧客說「是耶，我們的產品看起來的確很容易壞，所以只要您知道這項產品其實很堅固，也對您有價值的話，你就會考慮購買了嗎？」關鍵在於像這樣誘導顧客。

　　雖然要能當下如此反應需要練習，但效果卻很顯著。接下來為大家介紹幾個正面回應顧客的例子，有機會的話，還請各位挑戰看看。

■遇到反對、拒絕反而是一大轉機！

看起來很容易壞掉，我們不需要這個產品！

所以只要您知道這個產品很堅固，就會考慮購買嗎？

我們哪買得起這麼昂貴的產品！

您如果知道這個價格很合理，就會想購買了嗎？

我不相信你說的話！

如果您願意給我一點時間，讓我有機會與您相處，您就願意相信我了嗎？

如果被拒絕，可以試著透過「附帶條件的疑問句」確認對方真正的想法，通常會得到很不錯的結果。

理科人在交涉的時候，知道「吃虧就是佔便宜」的道理

》必須一次決勝負的交涉也可以交給專家

「交涉」算是難度很高的溝通，我們總是會不自覺地將所有精力放在贏得交涉這點。

市面上有許多類似「創造各種有利條件的交涉術」這種書籍對吧？談判專家的英文為「Negotiator」，同名的電影《王牌對王牌》（The Negotiator）也曾經造成轟動，所以讓人覺得贏得交涉，就能得到好處，而且也很有面子。

不管是在職場還是在私生活，我們都會遇到必須贏得交涉的情況，所以若能學會贏得交涉的技巧，應該是百利而無一害才對。

不過，不管是在職場或是在私生活，交涉這回事通常都是「長期抗戰」。如果是必須一次定江山的交涉或談判，建議大家借助律師或談判專家的力量。一來我們不知道對方有多厲害，而且對方也有可能全權委由專家負責。只懂得臨時抱佛腳的外行人，勝率實在是不高。

》所謂的交涉就是稍微讓利才是上策

我們每天都要與不同的人交涉，如果是職場的話，必須與同事、上司或是客戶交涉，如果是私生活的話，就得與另一半交涉。交涉對象通常都是會長期相處的人，而且交涉對象不一定只有一位，有時會是很多位。

比方說，我們若是負責介紹軟體產品的人，除了要與對方的關鍵人物，也就是負責人交涉，還得與這位關鍵人物的上司或經營團隊交涉。

　　我想說的是，若從長期來看，或是從大局來看，以對方有利的條件交涉，我們才能真的獲利。

　　以圖示說明這個想法應該比較容易了解（參考142頁）。

　　比方說，在交涉完成之後，我們與對方的財產增加了「10」，此時該如何分配這個「10」就是重點。

　　按理說，大部分的人在談判斷的時候，都希望最終能得到「自己+6，對方+4」這個結果，因為只有這樣才算是獲勝，但我想建議大家以「自己+4，對方+6」的模式進行交涉。

　　讓對方獲利的提案當然比較容易成功。

　　此時我想請大家注意的是，交涉往往不會只有一次，而且我的下一個提案也會以相同的方式與不同的人進行交涉。

　　假設我與10個人交涉，最終都得到「自己+4、對方+6」的結果，那麼我增加的財產總共有「4×10＝40」。

　　另一方面，交涉對象也會因為得到「6」而變得很開心對吧？但如果以相同的立場與其他人交涉，又會得到什麼結果？恐怕對方會寸土不讓，交涉也會陷入膠著。所以當別人在每一次的談判耗費許多時間時，我則是以「10中取4」的立場，拿下一次次的交涉。

　　在我們與10個人交涉的時候，那些想要「10中得6」的對手最多只能與5個人（或是3個人）成功交涉，所以就長遠來看，最終的結果如下。

　　我們的獲利：「4×10＝40」

　　對手的獲利：「6×5＝30」。

≫也照顧對方的情緒

　　在此要請大家注意的是交涉對象的情緒。被「10中取6」的人，心情一定

不會太好。就算同樣是賺錢的生意，有可能連交涉都不願意交涉。

當我們過於重視眼前的利益，交涉的時間就會拉長，交涉的對象就會減少，能得到的利潤就會變薄，換言之，這是不利於長期作戰的方法。

反之，以讓利的方式與不同的對象交涉，最終能為自己創造更多的利潤，也能搏取對方的好看，之後也越來越願意與我們來往，我們就能獲得長長久久的成功。

比起贏得一次勝利，以讓利方式多與幾位對象交涉才是通往成功的捷徑。

■「吃虧就是佔便宜」是真的

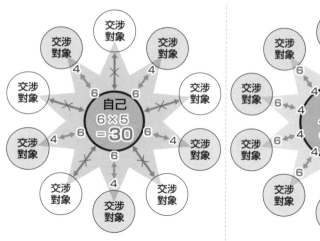

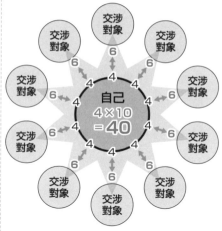

堅持要在交涉的時候佔上風	讓對方佔大利， 成功談成多筆交涉
➡最終只能得到「30」的財產	➡最終能得到「40」的財產

POINT

**與長期合作對象交涉時，以讓利方式進行，
藉此快速談成多筆交涉，才能贏得最終勝利。**

理科人會將討厭的人
因數分解，
讓對方變成「無機物」

≫最好不要與麻煩的人一般見識

即使想每天開心的過日子，但有時候還是會被別人的虛榮心或是慾望所波及，也因此變得不太愉快。

「每個人骨子裡真的都是好人！」我們雖然百般認同這句話，但心裡面總是會有幾位完全無法容忍的人（苦笑）。

當組織大到一定程度，就一定會出現以自我為中心的人，不斷地造成別人的麻煩。與其尋找沒有這類人的環境，不如試著發揮理科人特有的冷靜。提升自己的免疫力，相安無事地過日子，才不會浪費時間。

真正的問題是被這些自我意識很強的人騷擾或是盯上的時候。一直被找麻煩的話，會覺得很挫折與難以忍受。遇到這種情況時，不妨將對方當成「無機物」。將對方當成機器人，我們就能保持心理的健康，擺脫這樣的困境。

將對方當成「無機物」的意思就是將對方當成內建惡劣性格程式的訓練機器人。有趣的是，當我們將對方當成無機物的時候，就不會生氣，也不會覺得自己正在被對方攻擊，也就不會覺得自己是受害者，變得能夠退一步告訴自己「這是一種訓練，我會因此成長」。

≫「怪物」就是很優秀，但輸出與輸入有問題的機械

那些被視為「無機物」的人，也就是會傷害別人的人，通常也是聰明的人。只要知道衡量「聰明」與「自私」的度量衡不同，應該就能明白為什麼他們會

143

是聰明的人。

最理想的情況就是聰明，卻不太自私的人。不聰明卻自私的人往往無法接近權力核心，所以不用予以理會。問題是，當那些既聰明又自私的人佔據了權力核心的情況。一旦他們在看不見的角落找到獵物，盡情地凌虐別人，那一切就會變得很棘手。仔細觀察這些應該被視為「無機物」的人，就會發現他們在「輸入」與「輸出」的部分有問題，或者是只懂得其中一部分。

所謂的「輸入」是指，他們只會把一切解釋成有利於自己的部分，所以沒辦法發揮高超的處理能力。就算他們能夠正確地了解情況，以及利用優秀的能力找出解決方案，只要不懂得輸出的技巧，就會若無其事地傷害別人。

更糟的是，他們相信「能力夠好，做什麼都沒關係」。這些人覺得自己的思考邏輯與行為模式很優秀，而且越是覺得自己的所做所為是出自善意的人，越是難以對付的人。

儘管這些人的輸入濾網很髒，輸出的方法很幼稚，但別人卻很難規勸他們。就算真的想要規勸他們，他們也不覺得自己有什麼錯。

將他們視為輸出與輸入有問題的機械，就能輕鬆地面對他們，也就越來越不會對他們生氣，也不會討厭他們，漸漸地，還會對他們心生憐憫。換句話說，我們就能因此常保自己的心理衛生。

最理想的做法就是與他們保持距離，不要進入他們的射程範圍。

》打造不會出現「怪物」的團隊

我們常犯的錯誤之一就是在聘請員工或是邀請夥伴時，只選了能力很優秀的人。人類最常犯錯的時候，就是溝通不良的時候。

反之，我們在選擇進入哪個團隊的時候，也會發生同樣的錯誤，所以在選擇團隊的時候，一定要偷偷地觀察這個團隊的溝通是否順暢。

　　比方說，如果那個團隊裡面有位領導能力很強的負責人，就要觀察這位負責人的周邊情況，如果是每位成員都能暢所欲言，那就沒什麼問題。如果每位成員都噤若寒蟬，那就要特別注意。

　　被討厭的人常被稱為「怪物」。一如剛剛所述，我們很難治好這些人，所以最理想的做法就是打造一個不會出現怪物的環境。

　　不過，我們很難憑一己之力打造這樣的環境，所以要避免團隊之中，出現傲慢自大的行為，就要先避免這類人進入團隊。如果不小心讓這種人進入團隊，就要設計一些規範，避免這些行為越演越烈。

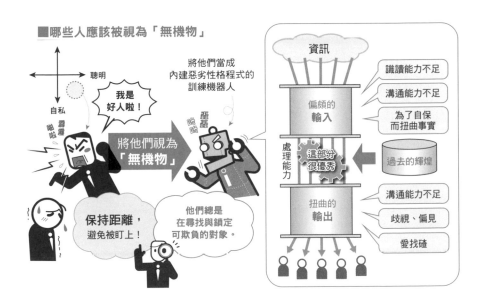

■哪些人應該被視為「無機物」

POINT

被鎖定的話，就將對方當成故障的機器人，
維護自己的心理健康。

145

理科人被諮詢的時候不會給答案，而是會「簡約」內容

》了解諮詢分成兩種

理科人的特徵之一就是從包羅萬象的事物之中找出規律，再設計方程式或法則，提高重現度與應用性。

我也不斷地告訴自己，只要能提高重現度與應用性，失敗的風險就會降低，成功的機率就會增加。

這幾年來，常有人來找我提供建議。這些人通常會透過Facebook私訊我。雖然我只是趁著寫程式的空檔與他們見面，但每年大概都會見到120人左右（包含視訊），還算是見了蠻多人對吧。

越多人來找我諮詢，我得到的實例就越多，方程式（建議）的精確度就越高，而在口耳相傳之下，找我諮詢的人也越來越多。

其實這裡有一個理科人才會遇到的陷阱。那就是想要解決所有課題的心態。在所有前來尋求協助的諮詢者之中，只有一半能得到答案，其餘的一半通常無法得到答案。最典型的前者就是：

「能否幫我找出這份事業計畫的不足之處」

「能否幫我看看，哪間公司比較適合跳槽？」

「我身邊有很多流言蜚語，我該怎麼面對呢？」

由於他們想要的是正確解答，所以只要套入理科人的公式，提出最佳解答就可以了。

問題在於另一半的人沒辦法這樣應付，因為他們要的是有人幫他們整理思

緒。這些人通常知道自己該做什麼，卻又不夠確定，所以需要得到別人的認同，換言之，就是需要別人助一臂之力。

其實這當中也不乏假設諮詢之名，行抱怨之實的人，也就是想要一個傾吐心事的對象，有些比較極端的人，甚至是想找一個出氣筒。如果你透過方程式告訴這種人正確答案，他們往往不會開心，也不會感謝你。

≫培養簡約能力

因此我向來只要求自己「懂得傾聽」。除了會回應「嗯嗯」或是「原來如此」，還會適時地整理對方說的內容，或是幫對方換句話說。

「也就是說，發生了○○事情對吧？」

「簡單來說，你覺得是這樣對吧？」

「這意思是，你想要的是這樣，但不夠確定對吧？」

我會像這樣以自己的話幫助對方「簡約」內容。

這算是幫了前來尋求諮詢的人一個大忙。幫助他們將混亂的思緒換句話說，就能讓他們更客觀地看待自己的情況。對於這種不需要答案的諮詢者而言，幫他們整理狀況或心情，讓他們覺得你跟他們有共鳴，肯定能讓他們感到滿足。

像這樣培養簡約情況的能力，就能與身邊的人建立平順的人際關係，而且這種能力除了能用於提供諮詢，還能在各種對話的場合發揮威力。

要想提升這種簡約能力，就要養成以自己的話整理日常大小事情的習慣。

如果是工作場合，不妨自動請纓，擔任會議的記錄人員。這些同事覺得麻煩的工作，恰恰是磨練自己的大好機會。

負責撰寫會議紀錄之後，身邊的人會覺得你是「最清楚狀況的人」，也會成為與會人員的依靠。

大家不妨主動攬下撰寫會議紀錄的工作吧。

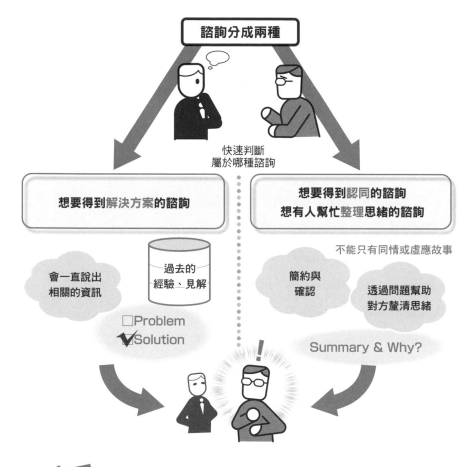

理科人會在談生意
陷入僵局的時候，
提出其他的選項

》從小的「Yes」誘導至大的「Yes」

大家可曾聽過「登門檻效應」？

在談生意的時候，有時會不知不覺地被對方牽著鼻子走，所以建議大家先知道這個技巧，避開這個陷阱。

簡單來說，這就是一開始先從不太麻煩，也沒什麼風險的事情開始拜託，讓對方接二連三地說「Yes」之後，再提出真正的要求，讓對方難以拒絕的心理作戰（第三章也介紹了這個技巧）。

接下來為大家介紹拜託別人捐款的情況，這算是這個技巧的進階版。比方說，一開始先跟對方說「只需要您在這裡簽個名，支持我們的活動就好」或是「只要讓我們在門口貼張貼紙，表示您也支持我們的活動就好」，等到過了幾天之後，再上門詢問對方能否捐點小錢，表示支持的話，成功爭取捐款的機率就會大增。

之所以會如此，是因為對方雖然可在一開始的時候拒絕捐款，但前幾天已經稍微表示了支持的意願，所以這時候就很難再說「No」。

人類都希望自己的一言一行能前後保持一致，因為會想合理化過去的行動，而利用這種心態的技巧就是「登門檻效應」。

》因為不想說「No」，所以只好說「Yes」

除了上述的得寸進尺法之外，還有一招完全相反的技巧，那就是「登門檻效

應」（door in the face）。這是在一開始提出無理的要求，之後再提出真正的要求的技巧。比方說，先不斷地跟對方拜託「借我一百萬」，被對方拒絕之後，再跟對方說「那不然借我十萬就好」，但其實本來就只打算借十萬而已。

被拜託的人通常會因為已經拒絕借出一百萬元，而不好意思再拒絕借出十萬元，也就會點頭說「Yes」。

這招「以退為進法」還有應用版。比方說，除了準備一個希望對方選擇的選項之外，再多準備幾個更困難的選項讓對方選擇，藉此擾亂對方的判斷力。

例如，你準備了「一般套餐」與「豪華套餐」，然後為了讓顧客選擇「豪華套餐」而另外準備了「超級豪華套餐」以及「無敵豪華套餐」。

雖然人類都希望是由自己進行選擇，但是當選項太多時，就會陷入選擇障礙，所以四個選項是最剛好的數量。我們通常希望買到價格合理的商品，卻也不希望被別人覺得很寒酸，所以在遇到這類選項有四個的時候，通常會選擇由下數來第二個選項。

≫務必將選擇權交在對方手上

有時候過多的討論會觸礁。尤其當選項過多時，我們就會搞不清楚這些選項的優點與缺點，會變得每個選項都難以放棄，事情也陷入得不出結論的無窮迴圈。

這與我們去餐廳，看到寫滿各類佳餚，不知從何選起的情況一樣。此時若能幫對方縮小選擇範圍，對方就比較容易做出選擇。

這類心理技巧的重點在於將選擇權交給對方，不要搶著幫對方做決定。如果是由我們幫對方決定，假設這個決定之後出了問題，對方就會說「都是你害我的」，把責任都推到你身上，對方也很可能會以「又不是我選的」這種藉口逃避責任。

為了讓對方自己負起責任，記得要由對方做出最後的決定。

此要，還要試著引導對方，讓我們得到我們想要的結果。如果能為對方準備四個精挑細選的選項，應該就能得到對方與我們都滿足的結論。

■做出選擇的是「你」

- 讓選項精簡至四個，就會比較好選
- 把最推薦的選項偷偷放在倒數第二個的
  位置，就很容易被選到

讓顧客覺得是他自己的
選擇非常重要！

提出四個選項之後，
最重要的是讓對方做決定。

151

理科人知道該怎麼拖關鍵人物下水

》事前疏通不一定是壞事

日本有「事前疏通」的文化。其實全世界都有類似的文化，但對日本人來說，這似乎已是一種為了在公事與私事成功，根深蒂固的習慣。這種「事前疏通」之中，也藏有理科技巧。

仔細想想，事前疏通是種不太正當的事情，甚至有點像是作弊。所謂的「會議」顧名思義，就是「會面」與「議論」。照道理說，應該是在會議當下做出決定才對，所以這種事前疏通的文化會讓會議淪為形式，也會讓與會人員白白浪類時間。

如果為了事前疏通而花了太多時間，導致沒時間做好工作的話，那可就本末倒置。話說回來，不事先疏通，直接在會議提出議題，也不一定能得到預期的結論。

如果是一定要通過的案件，那最好先與最具影響力的關鍵人物談一談。

》對付有影響力的關鍵人物的「殺手鐧」

若是在與關鍵人物疏通時，直接告訴對方「我想在這次會議的時候，提出這個案子，還請您務必支持我」，會得到什麼結果？

如果對方真的很有實力，也負擔一定的責任，通常不會在這個時候隨便答應你。親切一點的話，甚至會當場幫你檢視資料。如果這位關鍵人物要求你大幅修改提案內容或是重新製作資料，你有可能反而會因此趕不上重要的會議，也

得不到你想要的結果。

身為理科人的我，通常會運用一點偷吃步的小技巧。這個方法需要一點勇氣，我通常會裝出一臉無辜的表情，向對方這麼說：「這次的會議我想提出這個案子。如果這個案子能夠通過的話，我們公司的所有人都能得到雙贏的結果，還請您務必大力支持。為了避免誤會，想請您給一些建議，比方說，如果是◎◎先生的話，會希望案子以什麼流程進行呢？」

這種商量的重點在於跳過「您能否支持我」這個環節，塑造成對方本來就會支持你的氣氛，然後故意問「如果要得到大家的支持，到底該怎麼做？」尋求對方具體的建議。

換句話說，就是營造一種對方已經支持你的氛圍，讓對方與你搭上同一條船，朝向同一個目標前進。

反過來說，只要能順利跨過這個門檻，後面就一切好談。就我的經驗來看，幾乎沒有關鍵人物會在這時候說「No」。

當關鍵人物與你搭上同一條船，就會把你的案子當成自己的案子，給你具體的建議，這時候你也得誠心誠意地接受建議，更新自己的提案內容。

這種看似大膽的「事前疏通」能在會議當日發揮威力。就算開會的時候，有人提出反對的意見，那位與你搭上同一條船的關鍵人物也會站在你這邊，他也會模擬該怎麼做，才能得到大家的支持。

這招也能在其他的交涉場合應用。重點在於「讓關鍵人物自行模擬案子成功通過的情景」，如此一來，你就能得到一位實力堅強的夥伴。

簡單來說，反正免不了得事前疏通，那當然要採用能提升勝率的方法。

所以才要勇敢一點，把關鍵人物拖下水。該說的不是「請支持我」而是問對方「如果您是我，您會怎麼做，才能得到大家的支持？」請大家務必學會這招直接將對方當成夥伴，請對方給予建議的方法。

■將關鍵人物玩弄於股掌之中

事先與關鍵人物商量

會議當天

～ 你的提案是這個意思對吧？
大家不妨以會採用這個產品為前
提，討論看看吧。

～ 如果是您的話，您會怎麼做，
讓這個案子得到大家的支持呢？

不要請對方「評估」也不要找對方商量，
而是要請對方給予企劃案得以通過的建議

事先與有影響力的人商量，讓對方成為你的夥伴。

理科人能透過問卷
引出真心話

≫受測者為什麼只會填寫正面評價？

　　本章的最後要介紹透過問卷探得受測者內心話的技巧。雖然問卷不是面對面的溝通，卻也是非常重要的溝通方式，千萬不可小看問卷。

　　話說回來，只要實際進行問卷調查，就會發現很難取得具有顯著性的調查結果。稍微想像一下自己是受測者，應該就不難明白為什麼。

　　假設你應朋友之邀，參加了某個座談會，會後要求你根據內容的優劣填寫四段式評分問卷，應該會有不少人只在最左邊的「非常好」或是左邊數來第二個的「很好」畫圈對吧？

　　其實大部分的人都不會認真寫問卷，而且為了感謝主辦單位，也會盡可能避免填寫負面的意見。

　　有時候主辦者會為了提高問卷的回收率而贈送獎品，所以為了得到獎品，只在問卷的最左端（評價最高的項目）畫圈的受測者當然會佔絕大多數。

　　公司對員工定期實施的「滿意度調查」也會發生相同的情況。大部分的員工都擔心寫了實話會被秋後算帳，所以只會在滿意的部分畫圈。

　　假設真有員工敢寫出有待改善的部分，恐怕會被高層要求「不然你提出具體的解決方案」，徒增自己的麻煩。如果解決方案被採用了，還算是對公司有貢獻，但如果沒被採用的話，就可能會被貼上「那傢伙只會抱怨」的標籤，所以許多人都因為怕麻煩而在「滿意」的地方畫圈。

》沒有善用問卷的公司嗎？

或許是因為問卷這種後患無窮的特質，大部分心生不滿的人不會在問卷寫什麼，只會默默地轉身離去。願意花時間寫問卷的人少之以少。

最終，主辦者只能拿到一堆好評，卻與事實相去甚遠的調查結果，問卷的報告也只能流於形式。

長此以往，就算有人在問卷寫了一些意見，主辦者也不會當一回事，演講者也無法在現場得到任何回饋，一切只能草草了事。

所以能有效透過問卷執行PDCA循環的例子也少之又少。

》如果想提升問卷的回收率與準確度的話？

與其花時間實施這種毫無意義可言的問卷，還不如將時間與精力用在提升服務的品質。不過，提供服務的業者當然會想知道顧客的反應，也想取得相關的統計資料。

所以不要只是趁著空檔讓受測者填寫問卷，而是要專門騰出一段時間，讓受測者能夠專心地寫問卷。比方說，由我們這邊朗讀問卷的題目，再請受測者當下填寫。

如此一來，受測者就會覺得「有人在看著自己」，也有時間慢慢地思考答案，問卷的回收率與準確度也肯定會因此提升。

》該如何讓受測者在問卷寫下真心話？

之所以會出現受測者不敢說真心話的惡性循環，原因之一在於主辦方與受測者都不需要負任何責任。因此，我們不妨換個角度思考，試著讓雙方都負起應負的責任。

比方說，不要再以勾選項的方式作答，而是改成申論的方式作答。這種請受

測者寫出感想的方式，往往只能得到「一切都好，一切都沒問題」的答案，所以也要花心思設計問題。

以產品、服務的演講為例，請在設計問卷時，放入「您在今天聽完說明之後，是否願意向別人推薦這項產品或服務呢？」的問題，或是放入「如果您打算推薦這次的產品或服務，您會如何描述產品與服務呢？」這種問題，這都是不錯的方法，因為若是向別人推薦產品或服務，就帶負起連帶責任，所以就比較不會只說客套話，發言也會比較謹慎，願意說實話的機率也會大增。

「請問您會向朋友推薦本店嗎？」

「請問您會想向誰推薦呢？」

「如果您打算推薦本店，您會如何介紹呢？」

■利用問卷探知受測者內心的祕技

157

上述都是不錯的問題。或許問卷的回收總數量不會增加，但一定能得到有用的問卷結果。

寫在問卷的抱怨是「寶物」

既然希望受測者寫下真實的感想，不妨直接問受測者「請告訴我們，您覺得參加這次演講，得到了什麼好處」。如果受測者寫出了一些好處或優點，員工也會因此感到開心，而且寫了好評的顧客也等於對自己施加了某種「自我暗示」，會在不知不覺之中，成為我們的支持者。

假設受測者反過來寫了一些抱怨，那麼更要珍惜這類意見，因為受測者故意回答與題目相反的答案，指出我們有待解決之處，所以我們更該好好地感謝這類受測者。

這種請受測者指出優點的問題通常只能得到平凡無奇的資訊，所以不妨直接了當地提出「顧客的回饋是我們的鼓勵。還請您在這裡寫下您寶貴的意見」這類問題。

此外，除了透過這類問卷與顧客交流，也可以試著與顧客進行面對面的交流，有機會請大家務必試試看。

透過問卷詢問「您會如何向朋友推薦？」
讓受測者產生責任感，提高準確度。

第 **6** 章

比稿300次無敗績！
理科人的
時間管理術

理科人不會多花時間設定目標

》減少時間的無謂浪費，才是提升效率的最佳捷徑

這次要從理科人的思考不僅不會節省時間，還會浪費時間的部分開始介紹，而且這些內容聽起來有些自虐與自嘲。

雖然常常開會能讓人有種「我的確在工作」的感覺，但這只是一種錯覺，有不少人也覺得開會是最沒產值的時間。不過，薪水較高的經營者或是負責跑業務的人，就是得常常開會與設定目標值，然後在「這也不是」「那也不是」的結論耗費大量的時間。

如果是必須達到某種目標值就比較能夠理解，也能朝著正確的方向努力，能更有效率的運用時間。

不過，最大的問題在於要花多少時間導出這個目標值。

預估需求，通常能夠快速算出目標值，比方說，只要根據過去的業績趨勢或是季節性波動的資料計算，就能快速算出整體需求。可是，當需要設定下一個年度的業績目標，往往會參雜入各種個人情緒，有人開始提出看似有意義，但其實毫無根據的數字，然後為了自圓其說而開始進行無意義的爭辯。

就算是在經過爭辯才得出的數字，也常常在下次開會時，因為高層的一句話而被駁回，一切得重頭來過。

有些人會覺得「反正都會被駁回，不如隨便提個數字好了」，但有可能會被問到細節以及擬定這種目標的理由。所以即使知道可能會白忙一場，還是不得不花時間設定目標。

在日本的上市企業之中，有家企業在發現這個問題之後，決定目標值可以設定個大概就好。

這間企業設定了一個有趣的規則，那就是只要加上老闆喜歡的「1」與「4」，做什麼都可以的規則。比方說，將資本額設定為1414萬，或是將創立記念日設定為1月4日，將新服務正式上線的日期設定為每月14日的14點，抑或將出差津貼設定為1400元／每天，貫徹這項規則真的是件很棒的事。

這些措施大幅節省了時間。只要不會差太多，就不需要太過執著於細節。要注意的是，這種隨意的態度不會對業績造成影響。

》以速度為優先，不夠精確也沒關係

或許只有理科人才擁有這種不求精準，只求速度的思維，因為理科人會從分布或是誤差這類「角度」觀察事物。

這是一種容許誤差更勝於追求正確，以快速做出結論為優先的工作方式。

讓我們以日常生活的例子說明。假設男女7人一起去喝酒，然後打算平均分攤酒錢，因此以「7」為分母，計算每個人該出多少錢的話，很難除盡。

此時若直接以「10」來除，先告訴女性該付多少錢，剩餘的部分由剩下的男生均分就好，就能快速又聰明的解決問題。

談生意也是一樣。如果客戶問了問題，與其回答「容我回到公司討論之後再回覆您」，不如當場跟對方說「在我試算之後，大概是這個金額，不知道您覺得如何呢？精確的金額會在計算之後再向您報告」，如此一來，談生意的速度就會變快。

有時候，想太多只是浪費時間，而且沒有意義，更何況之後的情況也可能會改變，所以先求個大概就夠了。

■理科人會先掌握大局再一步步力求精確

> 這個方案的根據是什麼？給我做出備案B、備案C比較一下，看看哪個才正確。

> 掌握全貌之後，就先採取行動。然後一邊觀察現場的狀況，一邊修正細節就好。

　　只要目標沒有大幅偏離正軌就沒問題。如果能夠了解那些瑣碎的數字不是最重要的部分，而且大家都對此有共識，就能大幅節省時間。

　　重點在於先求個大概，然後將眼光放在後續的事情。這才是能夠連戰連勝的目標設定術與時間管理術。

**工作只要先掌握輪廓，
再一步步提升精確度即可。**

［提高產值的三大利器①］
理科人會利用
複製貼上工具大幅提升效率

》盡力減少按下滑鼠左鍵的次數，就能提升工作效率

現在已是人人都有一台電腦的時代，工作效率也比過去大幅提升。Excel、Word或是PowerPoint這類辦公室軟體也已經是不可或缺的工具。

電子郵件與行事曆也已經是必須共享的資訊。多虧電子郵件這項工具問世，才能與公司同事以及客戶頻繁地交流。

電子郵件不像電話，不會在客戶需要專心處理別的事情時打擾客戶，也能透過工作的空檔與客戶聯絡，所以能大幅節省時間。

分享行事曆也能大幅節省時間。以協調開會日期為例，越多人開會就得耗費越多的時間調整開會日期。不過拜科技之賜，我們已經能夠隨時分享行事曆，也能不斷地與別人一邊協調，一邊調整行事曆，省下不少時間與精力。

當科技越來越進步，事業的產值越來越高時，個人的工作技巧成為影響工作產值的關鍵，也是備受重視的部分。

「明明是同一件工作，為什麼那個人可以這麼快完成呢？」

答案就是改善最常執行的作業。

正因為是最常執行的作業，所以只要稍微改善執行的速度（效率），就能大幅節省時間。

以操作電腦為例，只要減少按下滑鼠左鍵的次數，效率就完全不一樣。

接下來介紹的三項工具可說是能大幅提高產值的三大利器。

這三項工具分別是「多重複製貼上工具」「圖片瀏覽器」與「文字編輯器」。

讓我為大家逐次介紹。

》能多重複製與貼上的「複製貼上神器」

複製與貼上可說是在操作電腦時，最繁頻執行的步驟對吧。複製與貼上可避免輸入錯誤的問題，所以可複製與貼上的地方就該盡可能使用這項操作。

不過，有時候會需要一次複製與貼上多筆資料，此時就得不斷地往返兩個畫面，不斷地選取要複製的範圍，然後一直按下「Ctrl +C」，再切回要貼上的畫面，然後在正確的欄位按下「Ctrl + V」鍵貼上資料。這種一再重複的作業真的讓人覺得很煩對吧？

不過，其實有一種能夠一次複製多筆資料的工具，而且還是免費的。

這種工具可在複製來源的畫面按下「Ctrl + C」複製多筆資料。只要設定正確，甚至可以同時複製30筆資料。

在貼上資料的畫面按下設定的快捷鍵（我是設定為「Ctrl + L」），就能從剛剛複製的單字之中選擇要貼上的資料。

如此一來，就只需要切換一次畫面，間接提升作業效率。

》也能用來輸入制式句型

這種工具的方便之處，在於能夠新增多個制式句型，以及快速貼上這些制式句型。

事先將地址、電話號碼、電子郵件、部門名稱新增至這套工具，之後就能快速輸入這些資料。也可以將「感謝您平常的照顧與支持，真的非常地感謝您」這類平常用不太到的感謝詞新增為制式句型。我新增了不少個寫程式常用的命令句。

此外，說來有些丟臉，其實我不太熟悉表情符號，所以也新增了幾個偶爾會

用的表情符號（笑）。比方說，（笑）這個符號也是利用這套工具輸入的。

複製貼上工具可大幅減少輸入文字的麻煩，間接大幅節省時間，所以當然沒有不用的道理。

■能同時複製貼上多筆資料的工具

之前都是……

Ctrl+V　Ctrl+V
Ctrl+C　　　　Ctrl+V
Ctrl+C
Ctrl+C

有多少筆要複製貼上的資料，就得切換多少次畫面

複製貼上專用工具
「Task Clip」

一個按鍵就能叫出工具

可新增制式句型

可先複製需要的項目，之後再連續貼上

POINT

使用複製貼上專用工具就能讓生產力大幅提升。

165

[提高產值的三大利器②、③]
理科人也能自由地
操作圖片與文字

》免費的圖片瀏覽器可用來加工圖片

想要早一步傳遞資訊的話，有時圖片比文字更加好用。比方說，電腦突然跳出錯誤訊息時，直接擷取電腦的畫面，勝過千言萬語的解釋，也可以將商品拍成照片，就不需要多廢唇舌解釋商品的狀態。

不過，可以不經任何修改，直接傳送圖片的例子並不多，大部分都需要稍微修改圖片，才能將圖片寄給別人。

■免費的圖片瀏覽器也有這些功能！

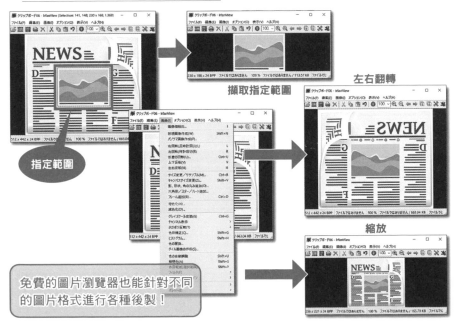

指定範圍

擷取指定範圍

左右翻轉

縮放

免費的圖片瀏覽器也能針對不同的圖片格式進行各種後製！

　　比方說，因為縮小檔案容量，導致畫質變差時，就會需要重新儲存圖片，或者是得先裁掉多餘的部分，才能將圖片寄給別人。

　　電腦（OS）內建的圖片瀏覽器通常沒辦法做到這點，所以建議大家安裝能夠輕度後製圖片的圖片瀏覽器。

　　能輕度後製圖片的圖片瀏覽器有不少都是免費的，建議大家務必下載使用。

》文字編輯器的性價比非常高

　　與別人交流時，文字往往比圖片還要麻煩。前面介紹的多重複製貼上工具雖然很好用，但其實我們還是常常需要自行輸入文字對吧？

　　為了避免打錯字，以及避免在還沒輸入完畢就傳送訊息，有許多人都會先利用文字編輯器撰寫草稿，確認內容沒問題之後，再複製草稿的內容，以及將內容貼到其他地方。

　　如果不小心打錯字或傳錯內容，往往得花很多時間挽救，所以先複製與貼上內容是比較聰明的做法。

　　不過，電腦內建的文字編輯器不夠好用，所以最好能夠另外安裝一套功能齊全的文字編輯器，才能大幅提升生產力。

　　除了搜尋與取代這項功能，文字編輯器還必須具備「還原」（Ctrl + Z）這項功能。有些工具甚至具備無限還原的功能，而且還能輕鬆地編輯檔案容量極大的文字資料。

　　另外一項比較少人知道，但是很好用的分割視窗的功能。這項功能可讓我們在瀏覽文字檔案的時候，同時瀏覽不同位置的內容。此外，「區塊複製功能」可同時錯開多行內容，也可以移動或插入很多行內容，所以使用者不再需要逐行編輯內容，也就能提升產值以及節省時間。

■文字編輯器若是具備這些功能，就能提升生產力

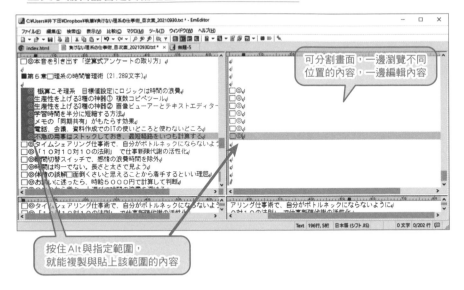

可分割畫面，一邊瀏覽不同位置的內容，一邊編輯內容

按住Alt與指定範圍，就能複製與貼上該範圍的內容

雖然免費軟體很少具備如此齊全的功能，不過從輸入文字是最耗時的作業這點來看，花點錢購買文字編輯器軟體也是很不錯的投資。

一如「積少成多」這句成語，越是常執行的操作，就越需要透過一鍵就能完成操作的工具執行，才能大幅節省時間。

建議安裝專業的圖片瀏覽器與文字編輯器。

理科人熟知讓學習時間縮短一半的技巧

》縮短輸入的時間，提升生產力

工作幹練的人的共通之處在於對能夠節省時間的事情很敏感，一旦覺得「這個方法說不定行得通？」就會很積極地嘗試。

科技到目前為止都以「輸出」為主，因此能否節約時間，取決於輸出的方法是否改善，比方說，辦公室軟體就是最具代表性的例子。大家都知道，這些辦公室軟體讓我們能更快完成報表、圖表與表格對吧？

話說回來，最近的科技世界似乎掀起了一波輸入端的改革風潮。在登上新聞版面的「IoT」就是其中之一。所謂的「IoT」是指機器透過感測器將各種資料轉換成數位資訊的機制。

其他還有語音辨識功能或是OCR這類光學文字辨識功能。不過，若將範圍縮小至個人層級的話，最需要節省的莫過於學習時間。

參加講座、觀看YouTube影片或是讀書應該是最具代表性的個人學習方式。參加講座可以直接見到講師，而且能夠不受科技干擾，專心地聽演講。最近講座的形態似乎有所改變，透過Zoom這類軟體進行網路直播（網路研討會）的機制越來越普及，網路速度也越來越快，所以每個人都能輕鬆地參加這類網路研討會。

不需要花時間出門這點，意味著有效節省時間。

》YouTube影片就算以2倍速播放也能聽清楚內容

越來越多人透過YouTube學習，不過大家可知道，YouTube的影片能夠以2倍速的速度播放呢？

如果以2倍速播放的話，學習時間就能減半，節省時間的效果就很顯著。有時候看長度一小時的影片會有點累，而且也會影響後續的行程，所以建議大家以2倍速的速度播放影片。

應該有不少人是透過書本學習的。讀書與參加講座或是觀看影片不同，可隨時開始，也能隨時停止，還能在搭車的時候閱讀，也不需要擔心發出聲音，影響身邊的人。

我最推薦的方式是閱讀電子書。我知道，有些人不那麼喜歡電子書，但許多改看電子書的讀者也異口同聲地說「用習慣就沒問題了」。

》電子書也能加快輸入的速度

不可思議的是，我讀電子書的速度比讀紙本書的速度快一倍。我曾試著分析這是為什麼，後來才發現，原來是因為電子書翻頁的速度遠比紙本書來得快。

此外，閱讀紙本書的時候，右頁與左頁會同時進入視野，所以必須一邊閱讀，一邊轉動頭部，但閱讀電子書的時候，視線只會在螢幕的框框之中游移，也只會閱讀該頁的內容。

更棒的是，電子書可以調整字體大小，還可以點選連結，瀏覽相關的網站。如果是閱讀紙本書的話，就必須準備電腦或是智慧型手機，然後輸入網址再瀏覽網站。

電子書的大小與重量都很適合隨身攜帶，而且也能存放很多本書，節省不少空間。我每年大概會讀50本以上的書籍，所以只要有電子書版本，我絕對會購買電子書版本。

■透過2倍速播放的YouTube影片與閱讀電子書提升學習速度

書籍

電子書

影片

（作者的YouTube頻道）

● 方便攜帶，隨時都能閱讀。
● 翻頁的速度很快，視線也不需要大幅
　移動，就能以2倍速的速度閱讀

● 就算影片以2倍速播放，也能完全
　聽懂內容。

　　我們總是想方設法地節省時間，但其實在「輸入」這塊還有努力的空間，各位務必隨時注意節省時間的方法。

POINT

> **以2倍速的速度播放YouTube影片，閱讀電子書，**
> **都能讓學習時間減半。**

理科人會「同步共享」 靈感與筆記

》取代日誌手帳的 App 問世

過去曾有一段時間流行日誌手帳。只要打開手帳，就能看到行事曆、聯絡人資料以及各種筆記，所以日誌手帳算是上班族的必備單品之一。但這類日誌手帳最近已經消失，想必這與智慧型手機的普及有關。

比方說，只要將聯絡資料新增至智慧型手機，就能隨時打電話給對方，所以再也不需要拿出手帳。

至於行事曆的部分，雖然每個人對於行事曆的需求不同，但大部分的人都只需要將待辦事項新增至網路伺服器，然後從智慧型手機瀏覽而已，所以 Google 提供的行事曆服務就已經非常夠用。唯一的不便之處就只是得在有網路的地方才能使用而已。

此時最能派上用場的技術莫過於「同步通訊」。

這項技術不需連上網路也能使用，也能在連上網路之後與伺服器連線，同步取得資料。如此一來，就能隨時進行那些不需要網路也能完成的作業，在戶外記錄的靈感，也能在回到家，打開電腦之後，自動同步匯入自家的電腦。

此外，也不需要在出門前，急著透過電子郵件傳送需要的檔案，所以能大幅節省時間。

利用智慧型手機拍攝的照片若使用同步通訊軟體備份，就能自動傳送到桌上電腦的硬碟，使用者不需要手動備份照片。

這類軟體有很多，例如「Dropbox」就是其中之一，而且若只需要固定的磁

碟空間（例如5GB），通常都可以免費使用，非常實用。

　　工作能幹的人總是希望自己能夠善用每分每秒的時間，所以就算是在沒辦法好好工作的環境之下，也希望看著重要的資料，思考後續的事情。其實很多人正是在搭乘大眾交通工具的時候想事情。

　　我們不知道靈感什麼時候會降臨，所以不可能在辦公室或是出門之前做好隨時接收靈感的準備，如果能利用同步備份軟體自動轉存資料，就能在利用智慧型手機做筆記之後，隨時確認與更新內容，也能間接地節省時間。尤其工作上的靈感更是重要，所以才會需要能夠隨時寫筆記的環境。

■推薦的同步共享軟體

日誌手帳

Evernote　Dropbox

同步共享

自家、出差地點

不需連上網路
也能操作

外出時　　職場

POINT

使用雲端軟體可隨時記錄靈感。

理科人懂得善用電話、郵件與商務聊天工具

》為了不在會議或製作資料耗費太多時間

大家都知道，溝通的時間很寶貴，促進溝通的資料也非常重要，但大家也知道，花太多時間溝通反而會導致產值大幅下降。

我曾針對我服務的大公司的軟體開發部隊統計各種業務佔上班時間的比例。軟體開發部隊通常給人一種默默地對著電腦埋首工作的印象，但看到統計結果之後才發現，光是開會與製作資料就佔了上班時間的六成。

明明是負責生產產品的部門，卻有一半以上的時間用在與生產產品沒有直接關係的事情上面，真是太讓人吃驚。可見建立有效的溝通管道絕對是企業的最大課題。

在此要為大家介紹一些提升溝通效率的科技。

》兼具電話與電子郵件優點的工具

有時候會遇到不知道該打電話還是該寫電子郵件才好的情況。電子郵件的優點在於「非同步」，不像電話那樣，對方一定要騰出時間接聽，你也可以利用空檔寫信，所以彼此都能有效地安排時間。

打電話通常無法留下紀錄，所以有時候會發生「不清楚是否提過某件事」的糾紛。有些企業的客戶服務中心甚至也取消電話聯絡方式，改成電子郵件與聊天室的聯絡方式，有些企業也不再於辦公室設置電話。

不過，只使用科技聯絡，有時反而會導致溝通效率下滑。比方說，電子郵件

雖然可以反覆閱讀，但寄信人反而有可能因此在用字遣詞這方面耗費太多時間與精力，這些損失也都不容忽視。

此外，在遇到問題或是緊急狀況的時候，就不能透過不知道對方何時才會回信的電子郵件聯絡。

所以根據急迫性、對方的狀況、記錄性選擇適當的聯絡方式才是最重要的。

在各種聯絡方式之中，最近最流行的方法就是商務聊天軟體。這是在一般的聊天軟體加裝安全性防護功能的商務軟體。

只要透過這類軟體發出訊息，對方就會收到通知。也能透過智慧型手機使用這類軟體，比電子郵件更加即時。只要開始交談，就能展開後續一連串的對話，而且不需要像電子郵件一樣，在用字遣詞以及文章的編排方式浪費時間。這種具備即時性的軟體實在是非常方便。

對我來說，這種軟體就像是電話與電子郵件的綜合體，今後應該會有越來越多人使用商務聊天軟體。

美國曾經針對大學畢業的人進行調查，發現這些人與別人聯絡時，有98.4％的時間都是透過文字聯絡別人，透過語音聯絡別人的時間卻只有1.6％而已。

能提升溝通效率的商務聊天軟體想必將慢慢地於我們的社會扎根，讓我們一起成為懂得在適當的時候活用這些軟體的人材吧。

■商務聊天軟體是深具潛力的工具

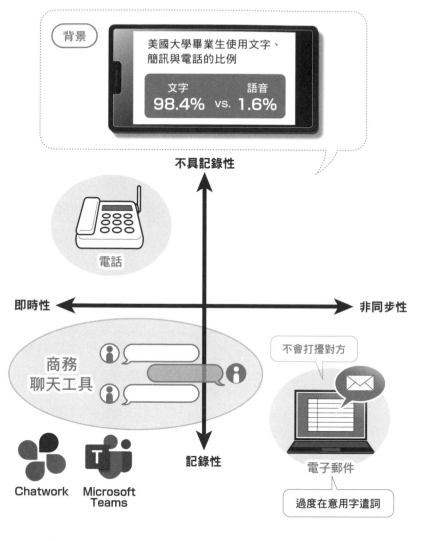

背景

美國大學畢業生使用文字、簡訊與電話的比例

文字		語音
98.4%	vs.	1.6%

不具記錄性

電話

即時性 ←———————————→ 非同步性

商務聊天工具

不會打擾對方

記錄性

電子郵件

過度在意用字遣詞

Chatwork　Microsoft Teams

商務聊天軟體能大幅提升工作效率。

理科人開會時，懂得兼顧現實世界與網路世界

》將會議分成傳統方式與視訊方式

就提升工作效率而言，讓開會變得更有效率也是一大課題，尤其日本人又是特別愛開會的民族。

會議原本是透過溝通與協議提升業務效率的場合，所以用於開會的時間應該是「一種投資」才對，可惜的是，許多上班族都以為一整天開會就是在工作。

最近越來越常看到利用Zoom這類視訊會議工具開會的例子。雖然視訊會議不太方便閒聊與頻繁地交換意見，但相對地，卻能堅守開會主題，順利地進行討論。

應該有不少人已經發現，同一時間只讓某個人發言，也就是限制同時發言的方式比較有效率。

就算新冠疫情結束，懂得視情況採用傳統的面對面開會方式或是視訊會議的方式，才是聰明的做法。

如果是腦力激盪會議這種需要提出想法的會議，或是要培養向心力的聚會，那當然是面對面的開會方式比較適合。如果只是要說明內容，或是達成決議的會議，不妨就以視訊會議的方式進行。

另一個有關開會的建議事項就是更有效率地製作會議紀錄。

會議紀錄是會議結束之後，由主辦者或是行政員工發給所有與會人員的「會議摘要」，但有些人會故意扭曲開會通過的決議事項，因而引起糾紛，如此一來便會浪費不少時間。

我建議的方式是在開會的時候，在所有人面前製作會議紀錄。這麼一來，比較容易取得在場所有人的共識，也能節省時間。

最理想的情況就是讓電腦的畫面投影在布幕上，然後隨時記錄開會通過的決議事項。這也是科技對於節省時間做出貢獻的情況。最近也有專為撰寫會議紀錄的工具問世。

》花時間製作精美的草稿等於浪費時間

接著從時間管理的觀點說明製作會議資料的方式。之所以要說明這個部分，是因為製作會議資料通常會耗費不少時間。我常常聽到十幾位部下為了隔天的會議，熬夜製作了幾十張編排工整的會議資料，結果實際開會的時候，只用了五張資料的悲慘例子。

就近年來的趨勢而言，大部分的上班族都會利用 PowerPoint 或是 Excel 製作精美的會議資料，但大家可知道，這其實是在浪費時間。負責審核會議資料的上司也必須對此負起大部分的責任，因為這些上司常對 PowerPoint 的文字編排方式、文字的顏色以及其他的裝飾部分多有挑剔。

如果能針對內容的優劣或是要傳遞的主旨是否清楚這點進行審核，會議就會變得有意義，但我更常看到為了製作格式精美的會議資料而浪費時間的例子。

如果你是負責要求部下製作資料的人，不妨跟部下說「這些資料只在公司內部使用，手寫也沒有關係」，這樣才能提升組織的效率。

如果是於公司外部使用的資料，或是需要重新謄寫的資料，那就應該利用辦公室軟體製作，而且要用心地編排，日後才能一看就了解內容。如果還只是起步階段的公司內部會議資料，其實用手寫一寫就夠了。

就算是使用工具製作資料，還是希望能夠形成「重視速度更勝於外觀」的組織文化，這麼一來，整個組織的動力與效能也會跟著提升。

■在開會與製作資料的時候，選擇不同的科技

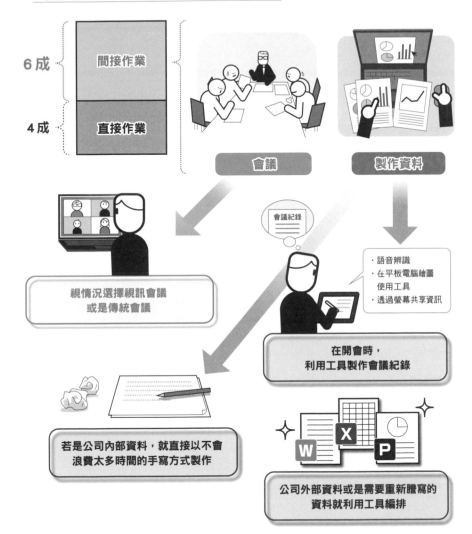

6 成 — 間接作業

4 成 — 直接作業

會議

製作資料

視情況選擇視訊會議
或是傳統會議

會議紀錄

・語音辨識
・在平板電腦繪圖
　使用工具
・透過螢幕共享資訊

在開會時，
利用工具製作會議紀錄

若是公司內部資料，就直接以不會
浪費太多時間的手寫方式製作

公司外部資料或是需要重新謄寫的
資料就利用工具編排

POINT

視情況選擇手寫或工具的方式，
減少會議前置作業的時間。

理科人會避免
讓專案遇到瓶頸

》試著讓自己與電腦擁有相同的思路

翻開電腦入門書，可以看到「虛擬記憶體」「記憶體置換」「分時作業系統」「多元程式規劃」這類聽起來相當陌生的技術。

如果不是理科出身的話，聽到這類用語很有可能會一頭霧水，但其實這類用語不過就是一種命名，只要了解箇中涵意，就跟常聽到的時間管理術或是專業技能這類名詞差不多。

尤其「多元程式規劃」這項技術是能直接節省時間的重要技術與機制，所以在此要為大家介紹這項技術。

當我們一個人依序處理許多工作，效率就會大打折扣，而這個問題同樣會在電腦發生。比方說，有一個人包辦了會議的前置作業到撰寫會議紀錄的所有工作。如果這個人老老實實地依照順序完成每一項工作，就會發生下列情況：

①製作會議資料。

②與務必出席的A聯絡。若A不在座位，就得等A回覆才能繼續執行。

③知道A的行程之後，接著聯絡B，一樣要等待B回覆才能進行下一項工作。

④通知所有與會人員出席。

⑤開會。遇到需要向未出席的C確認的事項。

⑥會議結束後，與C聯絡，結果前提被推翻，必須再開一次會。

⑦撰寫與寄出會議紀錄。

假設要依序執行上述這些工作，肯定很沒效率。

　　由於②、③、⑤的部分需要與別人聯絡，所以當對方不在座位上的時候，就只能等待對方回覆。同理可證，電腦也有相同的情況。除了CPU不斷進行處理之外，還要將資料輸出至印表機，或是將資料寫入硬碟以及在螢幕顯示資料，還得等待他人的指令。因此，這時候就輪到理科人的工作技巧上場了。

　　我覺得在需要別人處理的部分結束之前，不該坐在原地空等。如果是能夠交給別人的工作，就要陸續交給別人處理，然後趁在別人處理這些工作的時候，趕快速處理自己能處理的工作。以剛剛的會議為例，就應該先做②與③的部分，然後在等待回應的時候，執行①的工作。

　　如果電腦也是一直等待人類的指令，或是在資料輸出至印表機的時候什麼都不做，實在是太浪費時間，所以電腦也會不斷地切換要執行的工作，而這就是「多元程式規劃技術」。由於電腦是機械，所以能一邊拆解工作，一邊切換要執行的工作，將處理效率提升至極限。

≫像是丟迴力鏢般，不斷地發出工作

　　仔細觀察工作能幹的人就會發現，他們會在一開始就將需要交給別人、委託別人的工作交出去。

　　看起來他們就像是在表演拋接球這種雜耍或是玩迴力鏢（參考下一頁）。

　　簡單來說，就是在迴力鏢還沒飛回來的時候，先專心處理自己的工作，等到迴力鏢飛回來之後，確認與處理相關事宜，再將迴力鏢丟出去，然後不斷地重複上述的流程。

　　不過，這裡有一點必須特別注意。那就是人類與機械不同，需要一段時間暖身，才能進入「火力全開」的狀態。能在切換工作之後，立刻全速執行工作的人，只需要拆解工作，使用「多元程式規劃技術」即可。若屬於需要花時間才能切換工作的人，不妨等到工作告一個段落，再執行另一項工作，才是比較有

■若能像是拋接球般處理工作，就能大幅提升工作效率

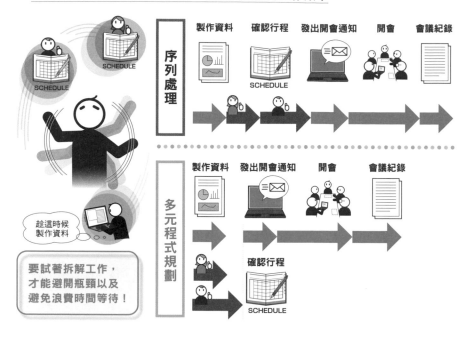

效率的方法。

這部分的拿捏端看每個人的特性，還請大家注意這點。

仔細觀察那些工作效率很差的人，就會發現他們總是以「等待對方回覆」為偷懶的藉口。

重點在於找出瓶頸，然後避開瓶頸。要想做到這點，就必須懂得拆解工作，調整處理工作的順序。

需要交給別人的工作得先交出去，
然後專心處理自己的工作。

理科人懂得拿捏「輸出」「輸入」與「休息」之間的平衡

≫注意時間的「新陳代謝」

這世界分成兩種人，一種是被時間追著跑的人，一種是馴服時間的人。

仔細觀察那些被時間追著跑的人，會發現他們明明將一切獻給了工作，卻似乎產值不高。另一方面，那些馴服時間的人似乎很從容，而且很有產值，大家難道沒懷疑過，這到底是為什麼嗎？

尤其是被戲稱為工蜂的日本人認為，除了睡覺與吃飯之外，其餘的時間就是拿來工作，假日上班也會得到讚美，這股風潮也一直延續到不久之前。

不過，長時間工作會導致專注力下降，產能也會大幅降低。這完全就是被時間追著跑的人的縮影。

國外當然也有拼命工作的上班族，也有夙夜匪懈，工作勤奮程度足以與日本人媲美的人，專注力也高得驚人。可是就我的觀察來看，他們一點都不像是被時間追著跑的人。這些人與日本人的差異到底在哪裡？

箇中祕密就藏在「自己與時間的新陳代謝」之中。只要觀察工作效率很高，以及工作效率不高的人如何使用時間，就會發現兩者在使用私人時間這點有明顯的差異。

≫巧妙地分配「輸出」「輸入」「休息」這三個元素

平均分配「輸出」「輸入」與「休息」這三個元素才能維持良好的效率。假設一個月有30天，10天分配給輸出（工作），10天分配給輸入（自我投

資），10天分配給休息。

這種生活規律最為平衡，也最為充實，也最有機會創造成果。這聽起來簡單，但能維持這種生活規律的人其實比想像中來得少。

10天分配給休息這點看起來最難，但其實我們的休息時間遠比想像來得多。

在一個月之中，星期六與星期日加起來超過8天以上，而且每個月都可能有國定假日，一般的上班族也都有特休，所以休息的日子通常都有10天左右。

然而在扣除這10天的休息之後，剩下的20天都在輸出，也就是工作，所以就現況而言，大部分的人都是「工蜂」。

要在這種情況下撥出10天給輸入（假設一天上班5天），就等於要將每個月近20天的工作時間減少至一半的10天，實在是不切實際，所以我們得想辦法一邊維持現狀的輸出，一邊增加輸入（學習）的機會。

最近有越來越多的企業為了提升員工的產能，願意給員工更多輸入的時間。我還在日本IBM服務的時候，當時的日本IBM就已經非常先進，在設定年度目標的時候，一定會包含「提升技能」這個項目。我還記得日本IBM準備了許多強制的教育課程，而且一上就是幾十天。

此外，應該有不少人聽過Google的「20％規則」吧？也就是讓員工將20％的工作時間用在自己喜歡的事情上面。Google有許多熱門的商品都是來自在這些時間誕生的創意。

平均分配輸出時間、輸入時間與休息時間的手法稱為「10：10：10法則」，這也是管理時間的黃金比率。除了上班族本身要注意這個比率，企業也應該想辦法讓這個法則於員工之間普及。

想必大家也知道，除了重視輸入，也必須預留休息時間。

因為這麼做可以暫時遠離工作或是學習，讓大腦有機會休息，或是專注在完全不同的事物上，思緒也有機會沉澱。

在休息的時候，大腦會自動整理思緒，也會變得煥然一新。許多靈感就是在這個時候迸現之外，那些讓人內疚或是後悔的事情也會一掃而空，整個人也會變得十分坦蕩。

有些人不是工作狂，而是學習狂。這些人被稱為「座談會吉普賽人」，常見於想要獨立創業的主婦或是上班族之中。最常見的情況就是，這類型的人花了太多時間在輸入資訊，所以不懂得輸出這些資訊的方法，也沒有時間輸出。

輸入之後再輸出是非常重要的循環，這也是「新陳代謝」的一種。

這幾年來，政府與企業都大力推動「工作改革」，所以請大家順著這股潮流，擺脫過度工作的惡習，學會妥善分配時間的技巧。

■「10：10：10法則」是時間管理的黃金比率

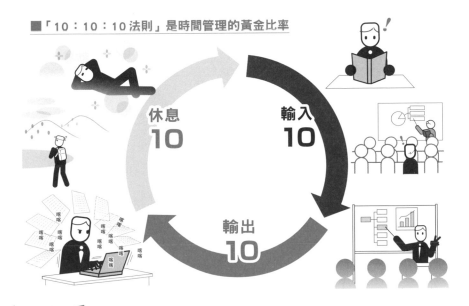

POINT

「輸入」「輸出」「休息」三者的平衡，
決定產能的優劣。

理科人能啟動
「不流於情緒的開關」

》大量創造心流的意識狀態

許多書籍或是網路都介紹了提升時間效率的技巧，許多擅長管理時間的人都是懂得善用科技的人，所以他們也覺得這類技巧差不多就是這樣。

然而我想提出一個建議，那就是先放下提升工作效率這個觀點，將重點放在自己可能浪費時間的部分，思考節約時間的方法。

換句話說，就是讓自己成為「即知即行」的人。

由於人類擁有很棒的能力，只要讓自己進入旁若無物的「心流狀態」，就能大幅提升產能，許多人也喜歡專注於某物的自己。

不過，當然也有很多人覺得自己很難進入狀況，因而討厭自己。

有些人也覺得自己不懂得所謂的「切換模式」。比方說，在專心工作的時候被搭話，就很難再回到「心流狀態」，似乎有不少人因此而陷入煩惱。

如果是在無計可施，走投無路的時候，或是很開心、很歡快的時候，或許能很快回到「心流狀態」，但如果能夠讓自己隨時回到心流狀態，那就更好了。

》請別人幫忙按下開始鍵

其實阻止自己進入心流狀態的就是自己，因為我們身上都有名為「情緒」的魔物存在。

比方說，當我們想要偷懶，或是遇到有興趣的案子時，情緒這隻魔物就會跳出來阻止我們。「不趕快申請那個活動不行」「我真的對那傢伙在那時候做的事

很生氣」「好看的電視節目就快開始了」，一旦腦中浮現這類情緒，就很難啟動工作的引擎。

　　尤其對討厭的工作更是如此。在開始討厭的工作之前，故意整理那些不太緊急的資料，或是先讓自己享受工作完成之後的獎勵。就算知道很快就可以做完，但總是像做暑假作業一樣，一拖再拖。

　　比方說，我為了維持健康，每天都做200下仰臥起坐。其實我很討厭這項運動，也常常一拖再拖。就算狠下心躺下來，卻遲遲無法開始做第一下，但我也很討厭一直躺在地上，浪費時間的自己。

　　因此我設計了一個類似機器人身上的「瞬間切換開關」，也就是當我一躺下來，就會按下智慧型手機的計時器。

　　這個計時器會在我做完200下仰臥起坐之前，不斷地發出間歇訓練的通知，所以只要我一按下計時器，就必須不斷地做仰臥起坐，以免跟不上間歇訓練的節奏。

　　簡單來說，就是我把按下計時器，就要做到最後這件事設計成一個完整的流程。只要開始運動，後續就只能一口氣做完，這也讓我節約了不少時間。

　　換言之，只要讓情緒沒機會出來搗蛋就好。

　　我的情況是做仰臥起坐，如果大家也想每天執行某些例行公事，不妨拜託朋友在那些例行公事準備開始的時間打通電話給你。如果待在家裡就會偷懶的話，不妨在這些事情準備開始的時候去咖啡廳。

　　這就是消除情緒干擾自己的機會，以及透過別人或是機器約束自己的機制。打造一個由「第三者」約束自己的環境，是讓自己「即知即行」的祕訣。

■成為不受情緒干擾,「即知即行」的人

讓自己進入
心流狀態
(專注的狀態)

如果沒辦法做到的話,
該怎麼辦……

不一定非我不可
對吧……

先從我開始做吧……

不是現在做
也沒關係對吧……

在情緒跳出來前,
先讓機器或是別人
按下開始鍵!

不被情緒干擾,
藉由「開始鍵」約束自己。

理科人會以粗細的概念
分配工作的時間

》在一週的每一天進行不同的工作

懂得分配時間的人，不會只以長度看待時間，還會以粗細度看待時間。比方說，很多人的工作效率會隨著日子的不同而改變。

假設星期六、日是假日的話，大部分的人都會有下列的傾向。

○星期一是一週的開始，所以多安排一些雜務或是會議。

○星期二是最能火力全開工作的日子。

○星期四是最疲勞的日子，不適合進行太困難的工作。

○星期五的話，隔天是假日，所以能振奮心情，好好工作。

順帶一提，我為了維持健康，每天都會去游泳。我從二十幾歲開始養成這個習慣，成為上市公司的執行董事之後也維持這個習慣。

雖然當時忙得不可開交，但我也很討厭偷偷溜出公司去游泳，所以我便向身邊的人宣告「星期一晚上是我去游泳的日子」，然後理所當然地去游泳。

之所以會選在星期一，是因為一週的開頭比較不會有突發事件，也比較容易調整時間。當部下知道我有這個習慣之後，便不會在星期一的晚上安排會議，我也非常感謝他們。

有趣的是，每當時間到了游泳的那個晚上，我全身的細胞就會變得非常興奮，我也完全睡不著，所以我都會盡可能將那些一個人能夠處理的工作安排在星期一的晚上。這讓我更專心處理那些工作，工作效率也更高。

》讓一整天變得張馳有度

就時間的粗細度而言，有些時段的效率極佳，有些時段的效率卻極差。

早上起床之後，精神奕奕的一個小時，與傍晚精神幾近渙散的一個小時，價值足足有兩倍以上的差距。

辭掉工作，獨立創業之後，我會在早上寫寫東西，背誦一些東西，或是預留一段完整的時間，以便執行需要專心的工作。至於午餐之後，特別想睡覺的時間，或是晚上累得半死，效率極差的時間，我就只會安排不用動到大腦的工作，盡可能讓整天的產能維持在一定的程度。當我懂得在不同的時段安排不同的工作之後，我發現整體的效率提升了2倍以上。

在我還是上班族的時候，我就不喜歡拖拖拉拉地工作，也盡可能避免加班。就當時服務的外商公司而言，工作到最後一班電車發車的時間是理所當然的事，喝酒喝到超過凌晨十二點更是常態，而且能在隔天早上九點準時上班，更是被視為美德，有許多人都因為這樣生病。

我告訴自己，加班到深夜只會讓工作效率變差，所以訂下晚上十點前一定回家的規則，因為長此以往絕非上上之策。不過，我也非常重視工作成就感，希望能在私事與公事都拿出最佳表現，所以睡覺前一定會處理所有收到的電子郵件。雖然晚上會累得無法創造產值，但因為不會被打擾，能夠專心地處理這種雜事。

像這樣根據時段安排不同的工作，就能節約時間並提升工作效率。

》也考慮對方的時間粗細度

還有另一個重點，那就是要考慮對方的時間粗細度。

比方說，只懂得在晚上接待客戶其實算不上厲害，邀請客戶共進午餐是很棒的選擇。越是懂得工作要領的人，越希望在晚上與家人相處，或是做自己想做

的事。要是夠厲害的話，午餐能在比晚餐還短的時間內獲得需要的資訊。

此外，這此要介紹一個不為人知的「祕技」，那就是與職銜較高的人約見面時，盡可能約在早上。越是經營高層，越知道早上是「重要的時段」，也越懂得珍惜這段時間。

許多人為了避免擠電車而提早上班，所以若能約在早上八點之前這段上班之前的時間，就越有機會與公司高層見面。

■根據時間的粗細度分配工作

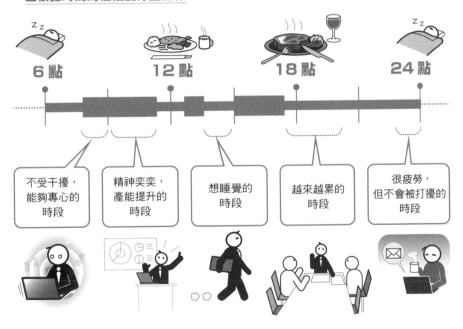

POINT

**行程可根據一週的每一日
與各個時段的特性調整。**

理科人懂得調整「工作順序」，讓工作效率極大化

》工作的順序就像搬家時，將家當搬上卡車的順序要領

雖然每個人都想按部就班地在時間之內完成工作，卻常常不知道「該怎麼安排工作的順序」對吧？

有些人會從眼前的工作開始處理，有些人則是隨著喜好安排工作的順序，當然也有人會根據工作的緊急性或是重要性，調整工作的順序。

如果知道自己能從容不迫地在時間之內完成工作，工作的順序就不那麼重要，可以完全照著自己的節奏工作，此時沒有什麼調整工作的公式，只有個人喜好的問題而已。

真正的問題在於時間不夠，工作又很多的情況。遺憾的是，每件工作都在最後關頭才完成的人佔絕大多數。假設這時候能有該從哪個工作開始處理的「指南」，就不會忙得焦頭爛額了。

在此為大家介紹一個淺顯易懂的例子。請大家先回想一下，搬家業者將客人的家當搬到卡車上的景象，回想一下那些專業的搬家業者有多麼俐落，是不是讓人看得目不轉睛呢？他們總是能根據物品的大小打包，再幫我們載運到新家對吧？

最讓人佩服的一點，就是他們將家當搬到卡車的時候，一旦堆放的順序出錯，就沒辦法將所有的物品搬上卡車，這麼一來，他們就得多跑一趟或是多出動一台卡車來載，白白浪費時間與成本。

要將大量的物品搬上卡車是有祕訣的，而這個祕訣就是先從大型家具開始堆

放。床墊、櫃子、沙發、桌子這類大型家具先放，之後再陸續放入紙箱，至於地毯、窗簾或是其他比較好塞的小東西，則可以最後再放。

這個邏輯也可以在分配工作時間的時候使用。比方說，先從芝麻小事開始做的話，之後就很難（無法）處理相對繁重的工作。

■該如何安排工作順序呢？

》無法判斷要花多少時間的工作先放進「大箱子」

我們的工作與搬家不同的是，搬家能一眼看出貨物的大小，但我們常常無法判斷「工作量」的多寡。有些工作能夠判斷工作量，但也有很多工作無法判斷工作量。

比方說，突然發生原因不明的問題，或是突然接到很嚴重的客訴就是其中之一例子。我們都無法判斷這些工作需要花多少時間解決，所以才會這麼棘手。

一旦在這類工作花太多時間，就很有可能無法執行其他的工作，而且太晚處理這些工作的話，有可能會引爆更大的問題，也就得花更多的時間處理。

難以判斷工作量的工作可不只有客訴或是原因不明的問題，考證照或是我常

參與的比稿也都有類似的特性。這些事情總讓人覺得再怎麼準備也不夠。

　　假設遇到這種不知道工作量有多少的工作，我建議大家將那些「不知道要花多少時間」的工作全歸類為一項大工作，剩下的那些「能夠預判要花多少時間」的工作則歸類為「具有彈性的（小）工作」。

　　由於「不知道要花多少時間」的工作通常都是很重要的工作，所以得預留足夠的時間，而且要仿照其他的重要工作，事先排入行程表。

　　請大家回想一下搬家的比喻，重要的工作就像是大型家具，必須先為這些工作安排時間，之後再趁著空檔完成那些「像是紙箱一般的小工作」。

　　如此一來，你的思緒就會變得清明，也能有條不紊地完成工作，當然就能讓工作的效能達到顛峰。

■內容不明瞭的工作就先放進「大箱子」

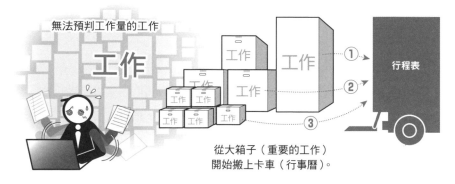

無法預判工作量的工作

工作

行程表

從大箱子（重要的工作）
開始搬上卡車（行事曆）。

理科人會在手錶（智慧型手機）下工夫

≫時鐘存在的意義改變了

許多人都說，時鐘，尤其是手錶越來越沒有存在價值。到辦公室後，只要打開電腦，隨時都能知道時間，看時鐘的機會便減少了。而且現在有智慧型手機，搭車移動時也不需要特地看手錶。

近年來，比起「告知時間」的功能，手錶更常被當成鬧鐘或是計時器使用，成為規劃時間的工具。比方說，能讓我們有效率地運用開會時間。

越是優秀的上班族，對於會議結束的時間越是嚴格，他們會想盡辦法讓會議準時結束，例如他們會設定每個人必須在三分鐘之內說完意見的規則，或是會設定一個提醒所有人，會議只剩10分鐘的鬧鐘。

會議室的布置也藏有節約時間的巧思。例如，一定會在每間會議室放一個時鐘，而且會把時鐘放在與白板或是投影布幕同一側，但不會太過顯眼的位置。這都是為了讓所有與會人員注意時間的巧思。可以的話，最好準備電子鐘，而不是傳統的指針時鐘，這才能以分鐘為單位，隨時注意時間。

此外，將會議室布置成所有人站著開會的模樣，也能大幅提升開會的效率，因為站著開會能讓人精神更加集中，也能有效節省空間，百利而無一害。

≫「模擬來電」App也能有效節約時間

就個人空間而言，最近「模擬來電」這類智慧型手機App也很流行。只要利用這款App設定在特定的時間發出來電鈴聲，就能讓我們找個藉口，從討

■從告知時間的工具變成控制時間的工具

厭的聚餐脫身。

這類App能模擬家人打電話來的來電鈴聲，為我們製造「先行離席」的藉口，而且還有很多細膩的設定，比方說，可以設定來電時間、來電鈴聲或是模擬真的有人打電話的螢幕畫面。總之網路有很多這類設計精良的App。

》也有用手一摸就能知道時間的手錶

我最近很喜歡一摸就知道時間的手錶，多虧這款手錶，我才能神不知鬼不覺地知道該結束的時間。

起因是我有次想送全盲的朋友禮物，突然想到不用看也能知道時間的手錶應該不錯，便開始尋找這類產品。結果運氣很好，真的找到功能齊全、造型漂亮的手錶。沒想到這種專為特定人士製造的產品在一般百貨公司也買得到。當下我就發現這種手錶非常實用。

最近我每天都要與人面談，有時會遇到特別花時間的諮詢或是話匣子打開而停不下來，導致下一個待辦事項變得很緊急。但是因為擔心而一直看手錶的話，對方應該會覺得我很沒禮貌。自從我購買這款手錶，就能一邊看著對方的眼睛聊天，一邊在桌子底下摸手錶來確認時間。

懂得有效運用時間的人都很在意結束時間，也不會忘記公事與私事的時間分配。懂得控制時間，讓事情在規定時間內結束，是今後越來越重要的能力。

將時鐘當成控制時間的工具使用。

理科人懂得為他人創造時間，為社會做出貢獻

》雖然無法為自己增加多餘的時間……

時間管理術這章的最後一節，要聊聊偉大的理想—究極的時間管理術。

雖然要達到這個境界很困難，但只要了解這個境界，價值觀就會改變，也能創造無窮無盡的時間。

當你發現自己對社會有所貢獻時，你的生活也能過得相當充實，而這種正面的循環將讓你的鬥志高漲，不會有絲毫想要偷懶的心態，間接為自己節省時間，是百利而無一害的手法。

那麼到底是什麼方法？在此為大家依序說明。

最近「人可活一百年」這句話越來越不像是空談了對吧？海螺小姐的父親磯野波平看來起像是爺爺，但其實才54歲。現代人就算進入花甲之年的60歲，也還有40年的餘命可活，還能繼續奮鬥一段時間。

話說回來，我們很難延長餘命40年的時間，就算再怎麼注意健康，最多就是多活1.5倍的時間，換言之，再怎麼長壽，最多就是活到120歲，這也是人類的極限。

有些人認為，年屆花甲就該享受美食，做想做的事情，但有些人卻抱著不同的想法。那就是既然無法繼續增加自己的時間，不妨試著讓別人的時間增加。

說得簡單一點，醫師就是讓別人的時間增加的工作。

當醫師透過手術拯救了因為意外而瀕臨死亡的二十歲青年，這位青年說不定能活到一百歲。如此一來，醫師等於創造了80年的時間。

治癒越多人，就能創造越多的時間。如果醫師能體會這點，在治療病人的時候，一定會覺得很開心，而且也會以自己的工作為傲，人生也將更加充實。

》能為許多人創造時間的「某個行動」是什麼？

除了醫師這份工作之外，只要是具有利他性質的工作，都能替別人創造時間。工作就是創造價值，再根據這個價值收取報酬的行為。

透過工作創造的價值肯定能透過不同的形式替別人節省時間。比方說，委託專家處理自己得花很多時間才能處理的事情，或是提供娛樂，讓人變得開心，進而提升生產力，這些都是對節約時間有幫助的工作。

以IT企業開發軟體為例，軟體往往可以為使用者節省一週左右的時間，如果這套軟體有一百萬位使用者，那麼就能創造「1週／人 × 100萬人 ≒ 2萬年」的時間。

雖然無法為自己創造時間，卻能為別人創造大量的時間。如果能注意到這

■對他人最大的貢獻就是創造時間

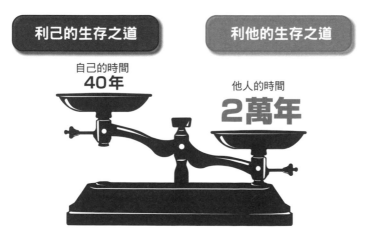

利己的生存之道　　利他的生存之道

自己的時間
40年

他人的時間
2萬年

點，今後的人生將完全改變。

60歲之後的40年是為「為了自己而活」還是為了「替別人創造2萬年的時間而死」呢？

我深信，我們賴以為生的「工作」就是一種「讓自己的時間轉換成別人的喜悅」的行為。

- ●雖然無法創造時間，但能建立節省時間的系統

- ●如果能建立節省一週時間的系統

- ●而且有100萬人使用這套系統

- ●就能創造1週 × 100萬人 ≒ **2萬年** 的時間！

貫徹利他的生存之道，
就能為別人創造幾萬年的時間。

第 **7** 章

比稿 300 次無敗績！
理科人的
戰略思考術

理科人可預測潛在失誤，訂立精準的計畫

》邏輯思考能提升戰略性與再現性

我徹頭徹尾是理科人，從以前我就很不擅長國語、社會或歷史，但很喜歡數學、物理與化學。

然而旁人來看，每天都在寫程式，活像個御宅族的我倒是越來越像是文組的人。這讓我隱約覺得，不管是理組還是文組，只要開始追求真理，終點都是相同的。

我的前東家日本IBM也有許多文組人，而且他們都很優秀。有趣的是，文組人比較擅長邏輯思考，也較容易升官。

我雖然大學四年念的都是理組的東西，但是在開始上班之後的前一年學到的東西，遠遠比在大學四年學到的東西更進階，而且知識含量也更高。

我覺得進入社會之後，文組人的成長潛力更高。比起剛開始學習溝通技巧與待人處事的理科人來說，文組人能更快學會程式設計，也比較容易締造結果，這或許是因為理科的工作方式很簡單，也很容易理解吧。

所以我覺得，如果理科的工作方式有什麼值得學習之處，那就是耐心等待成果出現的「戰略性」。

如今是變化十分激烈的時代，增加業績、提升產能、減少失誤這些職場的課題，沒辦法透過臨時想到的點子解決。但是，如果放著這些課題不管，終究會自食惡果。如果在遇到課題時，能立刻找出課題的徵結點，以及迅速想出對策，那麼不管是在哪個職場服務，一定都會被重用。

　　要想擁有上述的能力，最重要的就是具有說服力的邏輯。不被情緒影響，不過度依賴直覺，以及能從課題找出規律並加以應用的人，能夠讓身邊的人跟著他前進。我深信，理科人的戰略性思考是今後的領袖所必須具備的技巧。

　　想必本書的讀者已經發現，理科人的工作方式可說是「不拖延的工作方式」。這是不被時間追著跑，反過支配時間，先發制人的技巧。

　　判讀未來的發展，並且像是蜘蛛般到處布網，等待機會上門。沒錯，機會不是爭取來的，而是先布好網子，等待機會掉進網子裡。

　　這就是充滿戰略性與再現性的工作技巧。

≫程式設計創造的寶貴價值

　　就上述的結論而言，依照人類指令執行的程式，以及負責執行動作的機械，都擁有絕對的再現性，所以在寫程式，對機械下達命令的過程之中，可以學到很多東西。

　　如果有機會的話，建議大家挑戰寫程式，哪怕只是入門的程式都好。

　　可惜的是，當軟體無法如預期執行時，許多人都會把錯推到機械身上，或是把責任全推到環境或別人身上，而這就是所謂的人性。其實，程式只會憨直地執行人類的命令，絕不會忽略人類的指令，大部分的問題都出錯負責撰寫程式的自己身上。所以寫程式能不斷地告訴我們，自己犯了哪些錯誤。這些經驗也能告訴我們，人類是多麼容易犯錯與失誤的生物。

　　所以我覺得，寫程式雖然可以學到相關的技巧，但更重要的是能夠學會謙虛與放下傲慢。當我們學到這點，就不會推卸責任，也能贏得別人的信任，與身邊的人建立良好的人際關係。

》看得見的部分只是冰山一角

此外，當我長期從事程式設計的工作之後，我發現核心的部分只佔整體的一成左右。其餘九成的作業都屬於例外處理以及提升實用性的部分。

乍看之下，那些非核心的作業似乎很多餘，但是僅佔一成的核心就是透過這佔了九成的作業維護，而這就是程式設計的世界。

然而當我們仔細想想，就不難發現，這似乎正是我們的工作、生活以及人生的縮影。

請大家想像一下負責辦活動的工作。明明正式活動的時間很短，卻往往得耗費十倍以上的時間籌備。

讓我們回到程式設計這個主題。有些使用者會一邊瀏覽網路，一邊進行令人意想不到的操作。

「應該不會在這個時候按下『回上一步』吧？」

「會在這裡按下滑鼠右鍵嗎？」

「沒想到有人會在填寫金額的欄位輸入文字」

在寫程式的時候，必須預設使用者會進行上述這些意想不到的操作，程式設計師也會被迫了解人類的行為有多麼不受拘束，以及預先想好因應之道有多麼重要。

以直接面對顧客的服務業為例，應該不需要花十倍的時間準備，也能視當下的情況銷售商品或是提供服務。可是當我們將這種面對人類的工作交給機械（程式），就得耗費九成的時間撰寫那些可能用不到的邏輯。

本書在第一章介紹了「透過展示贏得比稿的技巧」，但展示終究只是展示，我們必須時時地告誡自己「不撰寫十倍以上的程式碼，軟體就無法完成」這點，讓自己隨時保持謙虛的態度。

寫程式就是如此地嚴格與現實。只要體驗一次程式設計的工作，安排工作的

■從程式設計學到謙虛與掌握全局的能力

●可學會先進的技能

是誰的錯？

●會發現人類就是很容易犯錯的生物，也會變得謙虛

●了解核心只佔一成這點，所以能**擬出更精確的計畫**

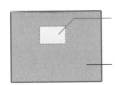

・本質為演算法

・處理例外的部分
・錯誤處理

方式就會改變，比方說，會為了挽回失誤而預留足夠的時間，或是會先行判斷那些非核心的工作有多少，也會預估工作量。

這些從程式設計學到的經驗都非常珍貴。向無機物的機械（程式）學習能讓我們變得更細心，而且也很有趣。

POINT

寫程式會變得謙虛，也更懂得如何完成計畫。

理科人認為過程與結果一樣重要

》與彩排似是而非的「Walk through」

長時間從事IT業界的專案之後，會習慣進行「Walk through」這個事前作業。這個英文詞彙的意思是「走過」。

就印象而言，這個單字的意思與「彩排」很相似，卻是截然不同，彩排是正式上場之前的最後確認，但「Walk through」卻是在創作階段就已經開始的作業，是一種將自己當成機械（程式），確認作業從開始到結束的軌跡的作業。

這就像是戴上VR（Virtual Reality=虛擬實境）眼鏡，試著在製作階段模擬正式發表的路線。走著走著，會在途中遇見岔路，而「Walk through」則是試著走完所有路徑，確認有無任何疏落的作業。

「Walk through」是人類透過模擬機械，一步一腳印地確認機械於瞬間完成的所有步驟的作業，所以可說是非常麻煩的工作。

由於「Walk through」是最能有效找出疏漏的作業，所以想在絕對不能失敗或是落敗的時候提高成功率或勝率，就一定要試著執行這個作業。

許多自我啟發的書籍都會提到「最好常常想像理想中的自己」，但如果只想像結果，也就是最理想的自己，往往會很挫折對吧？因為沒有連同過程一併想像。

就算一直想像美食在眼前出現，這些佳餚也不可能憑空出現；相反的，如果能想像備齊材料與烹調的每個步驟，之後就只需要付諸行動，就能夠更容易實現目標。

　　如果在進行「Walk through」這項作業之後，發現計畫的「疏漏」，就能替這些意料之外的情況預先準備替代方案，也能更能確保萬無一失。

■除了結果之外，也要模擬過程，找出所有的疏漏

結果

想像「過程」
預先模擬體驗

Walk through
（透過事前的模擬進行驗證）

過程

》養成以動詞模擬，而不是以名詞模擬的習慣

　　我從「Walk through」這個手法學到的是，具體想像「動詞」，也就是從頭到尾的過程，而不是想像「名詞」也就是靜態的結果有多麼重要。

　　這種「想像動詞而不是名詞」的手法除了有助於檢視工作的流程，也能用來找到夥伴。

　　這世界能一個人完成的工作不太多，尤其現在又是「重視團體戰」的時代，說是勝負由與誰組隊決定也不為過。

不過，該怎麼做才能找到優秀的夥伴呢？就算參加跨業種交流會，每位與會人員也都只會呈現自己最好的一面，「假裝」自己很優秀。許多與會人員都會炫耀自己的職稱，或是強調自己是某某名人的朋友，不斷地誇耀那些無從判斷與自身實力是否有關的結果，也就是所謂的「名詞（名片）」。

若真的想要知道對方是否為理想的夥伴，重點在於觀察對方的「動詞」。比方說，設定一個簡單的課題或主題，然後一起進行「Walk through」這項作業，就能發現那些無法隱藏的人格特質。

雖然觀察「動詞」比觀察「名詞」更花時間，但從「欲速則不達」的角度來看，還是建議大家透過「Walk through」尋找夥伴。

只要不怕麻煩的話，誰都有能力進行「Walk through」這項作業。

透過「Walk through」這種模擬作業
觀察本質與找出疏漏。

理科人會根據 「想打造的未來」反推， 帶動需要的創新

》成功者總是不斷創造未來

判讀未來是件非常困難的事，但創造未來卻是可行的。我知道，這聽起來很矛盾，但那些締造非凡成功的人，總是主動創造未來，而不是追逐不可知的未來。

（G）打造了可透過搜尋取得任何資訊的世界（Google）

（A）打造了讓人坐在家裡，就能買到任何產品的世界（Amazon）

（F）打造了不用寄送賀歲卡片，也能跨時空，與他人交流的世界（Facebook）

（A）發明了可隨時連上網路的智慧型手機（Apple）

想必大家都知道這四間被稱為「GAFA」的科技龍頭對吧。

這四間公司都是先想像自己想要的未來，再一步步回推，擬訂計畫，執行計畫，最終實現了理想的未來。

換言之，正因為這四間公司不是從科技的角度判讀未來，所以才能打造如此龐大的企業。

》不能只從科技的觀點思考未來

請大家比較一下 211 頁的兩張插圖。這兩種插圖都是模擬拜見梵蒂岡羅馬教宗時的照片。

左圖是 2005 年，右圖是 2013 年，雖然兩張圖都一樣有很多人，但右圖的參加者在頭上舉了一個白色正方形的東西。

或許大家已經發現，這個白色正方形的東西就是智慧型手機。在2005年到2013年這短短8年之內問世的智慧型手機已成為每個人隨身必備的物品。

有多少人能在2005年的時候預測未來會出現所謂的智慧型手機？恐怕沒人能夠預測這點吧。雖然我當時在科技公司服務，做著觀察未來的工作，卻也無法預測智慧型手機的橫空出世，總是覺得「判讀未來真的太困難了」。

每年九月，某家市場調查公司都會發表「可能於明年普及的先進科技」，我已經連續十幾年閱讀這家公司的報告，但就算是最新科技，通常都會於下個年度消失。

這意味著，以「無法判讀未來」為判讀未來的前提才是正解，所以從科技判讀未來是錯誤的方向，而從想要的未來回推每個步驟，進而打造理想未來的回溯分析法（backcasting）也越來越重要。

》「無人駕駛」源自「回溯分析法」？

讓我們以最近蔚為話題的「無人駕駛」為例，說明「回溯分析法」。

目前已有許多先進的科技企業研發無人駕駛技術，但這項技術卻不是源自科技的進化，而是有人根據對未來的想像回推，發現無人駕駛是必要的技術，才著手開始研發這項技術。

的確，如果無人駕駛真能成功，將會為整個人類社會帶來各方面的好處。比方說，不再會有塞車的問題，車禍也將大幅減少，物流的效率也將大幅提升，經濟也會因此變得更加活絡。

甚至有人提到，無人駕駛技術可解決人口過度集中的問題，而且就算人口不斷減少，也能替潛在的勞動力提供就業機會。

認為無人駕駛這項技術能夠帶來這些創新，正是開發無人駕駛這項技術的前驅者的原動力。

》催生無人駕駛技術的資訊寶庫

讓我們繼續談談無人駕駛技術吧。到底無人駕駛技術的開發人員是以何等恢宏的規格想像未來的社會呢？我的推理如下。

一旦無人駕駛技術開發成功，街上的每一座紅綠燈就沒必要存在，因為就算沒有紅綠燈，透過無人駕駛技術操控的汽車會自動停下來，如此一來，車禍與塞車的情況會跟減少，社會與經濟也都能受益無窮。

此外，充電樁也不需要在地價高漲的市中心設立，只需要在土地相對便宜的地方設立即可，一旦電力不足，車子就會自己開去充電。

住宅區也不再需要停車場，只需要將汽車停在土地相對便宜，人口相對稀少的地區即可。只要在前一晚利用智慧型手機設定行程，汽車就能在正確的時間

■以回溯分析法（反推）打造未來

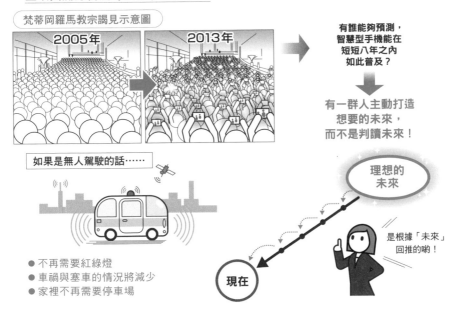

梵蒂岡羅馬教宗謁見示意圖

2005年　　2013年

有誰能夠預測，
智慧型手機能在
短短八年之內
如此普及？

有一群人主動打造
想要的未來，
而不是判讀未來！

如果是無人駕駛的話……

● 不再需要紅綠燈
● 車禍與塞車的情況將減少
● 家裡不再需要停車場

理想的
未來

是根據「未來」
回推的喲！

現在

點自己開到門口，等待主人上車。

我們的生活習慣將產生如此巨變。透過無人駕駛技術收集的所有數位資料都能重複使用。意思是，汽車將成為資訊的寶庫。

我的推測應該不會有所偏差，證據在於除了汽車製造商之外，科技企業也都正在研發無人駕駛技術。反倒是日本的國產汽車製造商已經落後於人，我認為這都是因為特斯拉這類率先開發無人駕駛技術的企業懂得回溯分析，所以才能帶領整個市場。

》放棄預測，改以回推的方式創造未來

剛剛提到了GAFA的例子，而如今的確是不懂得創造未來，就無法創造龐大利益的時代。

對於「理想未來」的想像真的非常重要。容我重申一次，我們該做的不是預測「Forecast」而是回溯（Backcast）。請務必一步步打造理想的未來。

所以我們該怎麼做呢？

答案就是如果心中已經有所謂的遠景，請先具體地描述這個遠景，接著一步步回推實現這個遠景的每個步驟，並在途中設置目標值（里程碑），直到回溯至現況為止。

如果像是做暑假作業般一拖再拖，最終就會淪為輸家。我強烈建議那些知道自己很懶惰的人趕快踏出第一步。

回溯分析法可描繪遠景，
回推實現遠景所需的每一步。

理科人會
準備多項替代方案，
做好萬全準備

》「有備則無患」，替代方案多多益善

理科的世界常給人一種不是「0」就是「1」的數位感，有些人也因此覺得很痛苦與排斥。

不過，之前也曾提過，正是因為這種不容一絲馬虎的氣氛，才讓人能夠知道自己有多麼不足，讓原本傲慢的人懂得謙虛。

這個變化邅烈的時代常發生令人料想不到的意外，我們也常因此犯錯，也得不斷地視情況修正自己的軌道。是否懂得謙虛以及能否為了那些可能發生的意外準備萬全的對策，可說是工作成功的關鍵。

除了預備「方案A」「方案B」「方案C」之外，還要為了可能發生的意外事件準備退而求其次的方案，才能提高勝率。

我三十幾歲的時候，常應朋友之邀，擔任婚禮的主持人。當時不善言詞又不懂得臨機應變的我為了達成任務，總是準備了完美的劇本。

我除了先問清楚，致詞者與新人的關係之外，還預設了四套演講內容，然後替這四套演講內容準備了「串場詞」。

多虧做了這些事前準備，曾有朋友跟我說「你是個很懂隨機應變的主持人耶，居然能夠根據致詞者演講的內容成功串場」。

一如前述，我曾擔任晨間資訊節目「爽快早晨」的來賓。雖然我到現在還是不知道被邀請的理由，但我猜測，應該是因為節目常介紹有關科技的話題，所以才邀請我上節目。

上節目的前一晚，我依照慣例，準備了一大堆有關時事以及各方面的新聞資料。然而到了當天，我在節目正式開始之前的五分鐘才拿到劇本，赫然發現當天的新聞沒有半個與科技有關的話題。

我還記得，主持人突然問了我「請問您對野村沙知代小姐有什麼看法」「築地的火災已經過了四個月，您對此有什麼看法？」這些我想都沒想過的問題。

由於是現場直播，所以絕不能讓節目因為我開天窗，幸虧我在前一晚準備的時候，碰巧看了野村克也夫妻的影片，所以才有辦法回答主持人的問題。

當下我真的體會了什麼叫做「有備而無患」。

》退而求其次的選擇有時反而是「歪打正著」

在我連續拿下300次比稿勝利的那陣子，我常常需要與競爭對手一起向顧客進行最終簡報，這等於是在競標之前的簡報，而我為了讓自己的簡報更有說服力，常常都會展示產品，也一定會準備「B計畫」。

接下來是真實發生過的事情。某次我在簡報的時候，用來展示產品的電腦突然當機，不重新開機就無法運作。當下我覺得，若是等到電腦重新開機，恐怕沒辦法在規定的時間之內結束簡報，所以我便拿出預先拍好的產品展示影片，度過了那次的難關。

雖然直接在電腦展示產品是最有效果的方法，但事先準備次要的對策，就能將損失降至最低，也能將戰局拖至延長賽再一決勝負。

話說回來，這也是因為那次的顧客希望看到產品實際運作的情況，我才有機會再次進行簡報，也因此比競爭對手更頻繁地與顧客接觸，進而拿下訂單。這真的是所謂的「歪打正著」啊。

此外，我最近很常進行線上演講，但很偶爾會遇到Wi-Fi網路出問題的情況，所以我總是會先調查距離最近的Wi-Fi網路在哪裡。一旦Wi-Fi網路發生

問題，就能先對聽眾說明原由，爭取 10 分鐘的休息時間，然後盡速趕到有 W-Fi 網路的環境。

》只要結果對得上，煙霧彈也是很厲害的武器

我也曾經因為準備了「B計畫」而痛快地戰勝競爭對手。

有些讀者或許有過類似經驗，當我們不斷地參加比稿，就一定會遇到競爭對手的產品與我們公司的產品在功能上幾乎相同，不得不進行削價競爭的情況。

當我遇到這種情況時，我除了會準備要推銷的套裝軟體，還會另外準備高價的套裝軟體，這就像是最近偶爾會在拉麵店看到的「豪華全餐」。

還記得某次比稿時，由於顧客是貿易公司，所以除了打算購買軟體使用，也打算成為軟體的經銷商，因此也在尋找高價的套裝軟體。

不知道這件事情的我與競爭對手展開了削價大戰。幸運的是，顧客在我的提案企劃書之中，發現了「煙霧彈」，也就是有關高價套裝軟體的說明。

這個高價套裝軟體在那時還未被做出，不過我們之後也即時開發出符合當時展示的「煙霧彈」軟體，也順利讓這位顧客成為我們的代理商，我們公司也才有機會與這位顧客建立長久合作的關係。

》要贏得比稿就必須準備替代方案

想必大家已經從上述的例子發現，「養成準備替代方案的習慣」是上上之策，而且誰都做得到。

不要總是想著利用究極的殺手鐧在「最短的時間之內」贏得勝利，而是要為顧客多準備幾個選項，打造一個不會落敗的系統。有趣又不可思議的是，當我們懂得這個道理，還真的就不會在比稿失利。

預設最佳方案會不如預期也是非常重要的心態，要是因為這樣就一蹶不起，

永遠都會是喪家之犬。有時候替代方案能讓我們延長戰局，為我們爭取更多的時間。

不自暴自棄，總是全力以赴的態度，能搏得顧客對我們的信任。就算眼前的案子無法創造利潤，也有機會透過下一個案子彌補損失。

再者，懂得預備替代方案的話，能讓平凡的人看起來像是菁英，請大家務必養成預備替代方案的習慣。

■養成預備替代方案的習慣

- 在變化劇烈的時代裡，多準備幾個替代的方案才有機會獲勝
- 懂得即興演出的人，往往是因為預先準備了很多套劇本

有些顧客想要消化預算

有些顧客重視性價比

有些顧客的需求出乎意料，
多準備幾個不同的版本才有機會獲勝

> 懂得預備腹案的話，
> 就算沒能贏得這次的比稿，
> 也能讓顧客感受到你的誠意，
> 爭取下次參加比稿的機會。

**多準備幾種替代方案能讓我們應付意外，
以及搏得顧客的信賴。**

理科人懂得建立 長勝軍的團隊

》同時追求「專業性」與「個人特質」

工作的重點在於「不斷締造成功」。就算贏了一次比稿，接下來能否繼續贏得訂單也非常關鍵，所以得讓自己能夠因應各種情況與維持自己的水準。剛剛提過「動詞比名詞重要」的內容，而我們應該將能夠不斷複製成功的「動詞」當成武器。此外，若能打造一個複製成功的系統，就能一直贏得勝利。

前面提過「現在是重視團體戰的時代」，以團隊執行的專案更加重視上述的系統。

很多人都聽過「擁有別人難以模仿的專業性」與「為了讓每個人都可以模仿而排除了個人特質才是專業」這兩種說法，但到底哪一種說法才是正確的呢？

這兩句話似乎互相矛盾，但我認為，這兩句話都是正確的。我知道，下面這個說明有些太過理想化，但能夠兼具這兩點是最好的情況。

別人難以模仿的專業性可創造絕大的價值。如果誰都可以輕易的模仿，就會失去存在的價值，也會覺得自己岌岌可危。

此外，明明是以團隊的方式工作，卻因為負責人不在就沒辦法有任何進度的話，就等於是「強人主義」的領導方式，或是「瓶頸式」領導方式。

如果負責人永遠都不下放權力，將部下培養成「說一動做一動」的人，整個團隊將永遠是一盤散沙。假設這位負責人生病，或是因為急事而缺席，整個專案就會停擺。

就算負責人不在，整個團隊也能拿出一定品質的成果，才算是長勝的團隊。

乍聽之下，「專業性」與「個人特質」似乎互相矛盾，但其實能夠並行不悖。

有些工作像是例行公事般單調，有些則需要原創性才能一決勝負，所以前者必須徹底排除個人特質，後者則需要強調個人特色。

》工作也能有所謂的教學相長

因此，若想打造強悍的團隊，我建議大家打造一個「整理與傳授自身所學」的系統，如此一來，就能排除個人特色，又能幫助整個團隊升級。

就算同屬一個團隊，但成員彼此還是有所謂的競爭意識，所以通常不會輕易地傳授別人自己的工作技巧，不過，我覺得不需要這麼小氣。

因為就知識的部分來說，就算你不教，總有一天會有人教，而且現在已經是網路時代，這些知識已變得唾手可得，所以先傳授知識，賣個人情才是聰明的選擇。

一旦為自己打造一個「這個人對工作無所不知，而且願意傾囊相授」的個人特色，所有的資訊就會往你的方向匯聚，你也能因此擁有站在高處、洞悉全局的能力。

傳授別人知識還有其他的好處。當我們將自己的知識或工作技巧傳授給身邊的人，我們就能學會整理資訊的能力，知識也將昇華為更加實用的智慧。

一如「教學相長」這句話，讓自己成長的捷徑就是教導別人。

》以教學為學習的前提，學習效果將大幅上升

當我還在日本IBM服務的時候，學會了「T3」這個手法。所謂的T3是「Teach The Teachers」的簡稱，是一種連續教學系統的手法。

意思是，當我們抱著之後還得教別人的心態學習新知識，就會更專心、更有效率地學習。擁有Pay forward（無償分享）文化的團隊是非常強悍的組織。

能夠打造長勝軍的是制度而不是個人的才能。如果能夠打造一個每位成員都能發揮才能的制度，這個團隊一定是最強團隊。

　　讓我們以Teach The Teachers這種總有一天要輪到自己教導別人的精神學習，而不是Teach The Students。

■打造教學相長的團隊就能讓這支團隊成為長勝軍

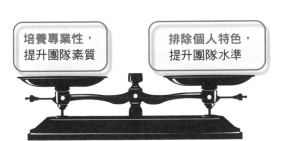

Teach The Teachers

- 為了教導別人而學的意義
- 資訊很快就會失去價值，所以傾囊相授，搏得他人信任才划算

培養專業性，提升團隊素質

排除個人特色，提升團隊水準

- 左圖天秤的兩邊可以互相平衡
- 打造沒有負責人也能獲勝的團隊
- 將部下培養成自動自發的人，才能獲勝！

打造積極分享的團隊文化，
才能打造連戰連勝的團隊。

結語

● **如果本書可以幫助讀者升級的話，是作者最大的幸福**

非常感謝各位讀到最後。

滿腦子理科思維，個性謹小慎微的我被迫走到前線這件事，不知該說是幸運還是不幸，但在我見識過一場又一場的試煉之後，總算有機會將所見所聞化為言語，鉅細靡遺地攤在各位讀者面前。

但願本書介紹的這些工作經驗或技巧能讓各位的工作技巧升級，也能幫助各位教導重要的人。

這就是寫在第 7 章尾聲的「Teach The Teachers」的精神。我相信，在教導別人的過程中，我們也將更加了解我們所知的一切。

● **因為是理科人，所以才推薦「合理的繞遠路」**

不知道大家在看到《理科人工作術》這個書名有什麼印象？或是有什麼期待呢？

想必很多讀者會以為這本書會將重點放在邏輯而非直覺，以及說明如何透過一些科學根據贏得勝利吧？

不然就是有很多讀者期待透過本書學會文組人不懂的「勝利方程式」或是根據資料找出「最佳解答」的方法。

就不依賴直覺，時時俯瞰全局，採取合理的思考與行動這點而言，本書的確符合上述的印象或期待，不過，要透過思考與行動導出「最佳解答」絕非易

事，各位讀者應該已經發現，在這個導出最佳解答的過程中，常常需要「合理的繞遠路」。

比起「抄捷徑達成目的」，「盡一切可行之事提高成功機率」才是我心目中理科人思維。如果各位讀者也能明白這點，再沒有比這件事更令人開心的事了。

●從執筆撰寫到出版為止的過程也是「合理的繞遠路」

其實出版本書的過程也是「合理的繞遠路」。一開始，我完全沒有出書的打算，但在親朋好友的鼓勵與某個契機的配合之下，才總算決定要寫一本書，而整個過程足足花了六年之久。

那個契機就是為了兒子在Facebook貼文。我的兒子因為很嚴重的運動傷害而一蹶不振，為了讓他了解我的思維與經驗，所以我便開始在Facebook寫下我的想法。

父母親直接給小孩建議，無法讓小孩變得更有幹勁。如果不自己為自己按下開關，人是不會改變的，所以我除了在Facebook寫文章之外，也為了給兒子一個好榜樣而身體力行，努力執行我所寫的內容。為了證明「人生隨時可以從頭開始」這件事，我甚至辭去了工作。

幸運的是，我的兒子似乎讀過我的文章。

一開始，我在社群媒體寫文章只是為了讓兒子知道我的想法，沒想過要增加讀者，所以我幾乎不曾向別人發出加好友的邀請。不過，或許是因為我以向兒子說話的語氣寫文章，許多讀了有感覺的網友紛紛向我發出加好友的邀請，我的臉書也越來越多人知道，好友人數也達到Facebook限制的5000人。

許多臉書朋友都跟我說「希望能將Facebook的文章整理成一本書」，我也才開始想到出版這件事。一開始我向出版社提出寫一本自我啟發書籍的企劃，但這類書籍早已充斥市場。我也曾想過以Facebook收到超過20萬位網友申請加

好友這件事，來打動出版社，但未能得到出版社的認同。

我是一個徹頭徹尾的理科人。雖然我曾演講超過2000次，但對象幾乎都是經營者，所以突然以自我啟發書籍出道，似乎不太可行。

自費出版或是花大錢請出版製作人幫忙製作書籍雖然也是選項之一，但我的目的不只是出書，更希望能夠透過本書「幫助更多的人」，這也是為什麼我最後選擇以「合理的繞遠路」這種方式出版書籍。

六年前，在朋友的介紹之下，我參加了作者與編輯的每月讀書會。雖然我每個月都會出席，卻從來沒推銷過自己的企劃。如果有人希望我對他的企劃提點意見，我就會以科技人的角度給予建議。

如果認識了「具有成為作者的潛力」的人，就會帶對方參加這個讀書會，讓他認識這個圈子。我滿腦子想的都是讓所有參加者都能同樂而已。

另一方面，我還是繼續在Facebook輸出滿腔的熱情，久而久之，我的文章似乎越來越有內容，「按讚數」也不時超過1000個，每篇文章也有幾十人幫忙分享，最終，也因此接到晨間資訊節目「爽快早晨」的邀請。

當我像這樣提升個人價值之後，參加讀書會的編輯便問我「差不多該出本書了吧？」我也才開始撰寫本書。

這應該是因為我在這六年之內不斷地提升自我，一切才會水到渠成吧。為了兒子在Facebook寫文章，以及為了朋友在出版讀書會持續做出貢獻，這一切最終成為一條合理的捷徑。

● **透過緣份串起本書遇見的「奇蹟」**

在本書的最後，想為大家介紹一個我自創的詞彙，以一個理科人的身分為本書總結。

那就是「一期二會三盡」這句話。

想必大家都聽過「一期一會」這句話。這是一句重視邂逅的名言，我也非常喜歡這句話。

不過，身為理科人的我看到這句話之後，便忍不住計算「我們一生到底會與多少人相遇？」。

比方說，我每年都會印500張名片。在疫情爆發之前，我每年差不多要演講100場，所以我應該比一般人更有機會認識更多人。

但即使如此，我覺得我每年頂多認識1000人。假設從出生到死亡有100年，而且我在這100年都很活躍的話，頂多就是認識10萬人而已，而且實際的數字應該更低才對。

目前全世界的人口超過70億，而我們再怎麼努力，也只能與10萬人認識的話，等於與他人邂逅的機率只有7萬分之一。換句話說，當我們決定今天與某個人見面，就等於放棄與剩下的6萬9999人見面的機會。

我們在選擇與誰見面時，是否都抱著這番覺悟呢？

雖然我很常在人數近乎百人的演講會擔任主講，但就機率而言，有超過一半以上的聽眾都是「今天初次見面，卻也是人生最後一次見面」的人，想想還真是令人感傷，但這就是真實的情況。

由於這情況實在太過悽涼，所以我總是希望能與每個人至少見面兩次，所以我才會把「一期二會」這句話掛在嘴邊，希望「總有一天能夠再與對方見面」。

邂逅之所以如此珍貴，全因我們這輩子無法認識的人超過70億人。為了能為這些無法認識的人盡一份力，才自行創造了「一期二會三盡」這個詞彙，以及將這份心意寄託其中。

可喜的是，我有機會透過本書與各位相會。但願有機會藉著本書，與各位再次見面，甚至是見第三面，也容我就此擱筆。

作　者

【作者簡介】

井下田久幸

◉——兼具業務能力、技術、行銷、管理能力的頂級工程師。曾於日本IBM以及三間科技企業服務，並於東證一部上市企業JBCC擔任執行董事，以及擔任先進技術研究所所長。55歲之際獨立創業，擔任株式會社「DOLPHERE」董事長，如今仍是於第一線活躍的現役程式設計師。

◉——1961年出生。於青山學院大學理工學部畢業後，進入日本IBM服務。雖然一路高升，卻在38歲的時候，跳槽到員工人數只有16人的IT新創公司。沒多久，就遇到公司倒閉的危機，所以便一邊擔任行銷部長，一邊以支援業務員的工程師身分，親自拜訪客戶。在這身兼多職的四年之內，以微軟這類名震四海的企業為對手，締造了比稿連勝300場的成績。員工人數200人的中型科技企業也因此向作者遞出橄欖枝，有意邀攬作者擔任社長，不過，作者擔心這間企業會被日本IBM併購，所以跳槽到員工人數多達2700人的東證一部上市企業JBCC，擔任執行董事兼軟體開發負責人。數年之後，設立先進技術研究所與擔任初代社長。

◉——在日本IBM服務時，就開始主持以經營者為對象的座談會。憑藉精湛演講讓許多聽眾想要使用日本IBM的軟體產品。擔任講者次數超過2000次。於擔任研究所所長開始經營的Facebook也很受歡迎，每天收到的好友申請超過200次，目前已累計20萬人次以上。

◉——作者的祖父為德國鋼琴家，所以作者擁有四分之一的德國血統。幼年時期，因父親家暴所苦。為了替遭遇挫折的兒子打氣而開始經營Facebook，也因此受到電視節目與廣播節目邀請，還有許多人前來諮詢工作與生涯的問題。本書為作者的第一本著作。

理科工作術
頂級工程師百戰百勝的萬用職場戰略

出　　　　版／楓葉社文化事業有限公司
地　　　　址／新北市板橋區信義路163巷3號10樓
郵 政 劃 撥／19907596　楓書坊文化出版社
網　　　　址／www.maplebook.com.tw
電　　　　話／02-2957-6096
傳　　　　真／02-2957-6435
作　　　者／井下田久幸
翻　　　譯／許郁文
責 任 編 輯／廖珮淩
內 文 排 版／洪浩剛
校　　　對／邱凱蓉
港 澳 經 銷／泛華發行代理有限公司
定　　　價／400元
初 版 日 期／2023年9月

國家圖書館出版品預行編目資料

理科工作術：頂級工程師百戰百勝的萬用職場
戰略／井下田久幸作；許郁文譯. -- 初版. -- 新
北市：楓葉社文化事業有限公司, 2023.09
　面；　　公分

ISBN 978-986-370-590-1（平裝）

1. 工程師 2. 職場成功法 3. 工作效率

494.35　　　　　　　　　　　　　112012250